汞及汞污染
控制技术

冯钦忠　陈　扬　刘俐媛　主编

化学工业出版社
·北京·

本书分析了汞污染及其危害、汞污染问题的国际背景，结合汞的有意使用行业以及汞的无意排放行业典型工艺及汞排放节点，全面、系统分析了相应过程含汞废气、含汞废水、含汞固体废物的控制技术。全书共3篇10章，内容包括汞污染及其危害、汞污染问题的国际背景、原生汞生产行业汞污染控制技术、电石法聚氯乙烯行业汞污染控制技术、添汞产品生产汞污染控制技术、燃煤行业汞污染控制技术、有色金属冶炼汞污染控制技术、水泥生产行业汞污染控制技术、含汞废物处理处置污染控制技术、汞污染土壤治理与修复技术。

本书可供环境监督管理以及监测/检测部门相关人员，涉汞企业管理、操作人员，环境保护部门技术培训人员，环境保护及污染治理领域科研、管理人员参阅。

图书在版编目（CIP）数据

汞及汞污染控制技术/冯钦忠，陈扬，刘俐媛主编. —北京：化学工业出版社，2019.9
ISBN 978-7-122-34783-1

Ⅰ.①汞…　Ⅱ.①冯…②陈…③刘…　Ⅲ.①汞污染-污染控制　Ⅳ.①X5

中国版本图书馆 CIP 数据核字（2019）第 133634 号

责任编辑：成荣霞　　　　　　　　文字编辑：孙凤英
责任校对：杜杏然　　　　　　　　装帧设计：关　飞

出版发行：化学工业出版社（北京市东城区青年湖南街13号　邮政编码100011）
印　　装：三河市延风印装有限公司
710mm×1000mm　1/16　印张11¾　字数228千字　2020年3月北京第1版第1次印刷

购书咨询：010-64518888　　　　　售后服务：010-64518899
网　　址：http://www.cip.com.cn

凡购买本书，如有缺损质量问题，本社销售中心负责调换。

定　　价：98.00元

《汞及汞污染控制技术》编写人员名单

主　　编　冯钦忠　陈　扬　刘俐媛

编写人员（按姓氏汉语拼音排序）：

陈　刚　陈　扬　陈　昱　冯钦忠　高　强

姜晓明　姜艳萍　蒋　芳　李宝磊　李玉锋

李　悦　李　震　刘俐媛　邵朱强　王洪昌

王俊峰　王良栋　魏石豪　闫　政　于晓东

翟永洪　张　凡　张　鑫　张正洁　朱忠军

前 言 ⇉⇉⇉⇉⇉
⇉⇉⇉⇉⇉

　　汞是一种长期存在于环境且具有全球迁移性的环境污染物，具有持久性、生物蓄积性和高毒性，即使在非常低的浓度水平下也会对人体健康以及水陆生态系统造成影响。与其他重金属不同，汞的易挥发和远距离迁移等特性，客观要求应采取切实可行的污染控制及风险管理措施以降低其对环境和人体健康所带来的风险。

　　汞及其化合物已被联合国环境规划署列为全球性污染物，具有跨国污染的属性，是全球广泛关注的环境污染物之一。2016 年 4 月 28 日，第十二届全国人民代表大会常务委员会第二十次会议批准《关于汞的水俣公约》，目前《关于汞的水俣公约》已于 2017 年 8 月 16 日在全球正式生效。中国被认为是向大气中排放汞量最多的国家之一，几乎涵盖联合国环境规划署《汞排放定量定性估算工具包》中所有11 大类 59 小类排放源，涉及行业包括矿山采矿、燃煤发电、钢铁制造、有色金属冶炼、水泥生产、化工等国民经济支柱产业。

　　我国汞污染排放量大面广，汞污染问题具有严峻性、复杂性和系统性，环境管理难度大，技术含量高，而现有的污染防控技术尚不成熟，不能满足无害化处置要求。需要结合国际履约背景，并基于汞的产生及控制特点开展相关工作。然而，目前我国的汞污染防治工作基础比较薄弱，污染防治技术与对策都严重滞后于履约及控汞现实需求。这主要体现在以下几个方面：一是当前研究者大多重点关注燃煤电厂、有色金属冶炼及垃圾焚烧烟气的汞排放上，而对于水泥生产、含汞废物处理处置、汞污染土壤治理与修复以及重点汞的有意使用行业，诸如原生汞生产、电石法聚氯乙烯生产、含汞体温计、含汞血压计、含汞电光源、含汞电池等工业生产过程中产生的汞的流向及污染控制缺乏深入研究；二是我国汞污染控制起步较晚，目前的汞污染控制技术体系尚不完善，缺乏基于特定行业汞污染控制关键核心技术；三是我国汞的环境风险识别、风险评价及风险控制技术还处于初始阶段，相关的控制决策仍有待完善，在具体履约过程中成为具体企业及环境管理部门的困扰。而如何基于中国国情，结合履行汞公约的责任要求，研究污染源的风险控制和全生态链环境管理模式研究就显得尤为重要。

为了更好地履行《关于汞的水俣公约》，全面推进我国汞污染防治，加快我国汞污染及其防治领域走在国际前列，中国科学院北京综合研究中心及相关合作单位，在对汞及其化合物污染及危害调研的基础上，针对原生汞生产、电石法聚氯乙烯生产、添汞产品生产等汞的有意使用行业，以及燃煤、有色金属冶炼、水泥、含汞废物处理处置及含汞土壤治理与修复等无意排放行业汞污染的排放过程及控制技术进行系统地分析和研究，总结了近年来国内外在这些领域内的研究进展，以及作者自身的研究和创新性成果。

全书共3篇、10章，主要围绕汞污染控制技术研究背景、汞的有意使用行业以及汞的无意排放行业三方面展开，主要内容包括汞污染及其危害、汞污染问题的国际背景、原生汞生产、电石法聚氯乙烯生产、添汞产品生产，燃煤、有色金属冶炼、水泥生产、含汞废物处理处置以及汞污染土壤治理与修复过程典型生产工艺及汞污染控制技术。各章的具体执笔人如下：第1章由姜晓明、陈扬、李玉锋共同撰写；第2章由陈扬、姜艳萍共同撰写；第3章由冯钦忠、王良栋、张正洁共同撰写；第4章由李悦、魏石豪共同撰写；第5章由刘俐媛、高强、张正洁共同撰写；第6章由王洪昌、张凡共同撰写；第7章由王俊峰、冯钦忠共同撰写；第8章由冯钦忠、蒋芳、李震共同撰写；第9章由刘俐媛、陈扬共同撰写；第10章由李宝磊、冯钦忠共同撰写。

本书成稿过程中，陈刚、张凡、蒋芳等参与了书稿核校工作。感谢化学工业出版社相关编辑在本书出版各环节提供的诸多建议和帮助；感谢中国科学院北京综合研究中心、生态环境部对外合作与交流中心、沈阳环境科学研究院、中国环境科学研究院等单位在相关研究中提供的大力支持。

感谢国家重点研发计划（2016YFC0209204）、国家自然科学基金（11475211）北京市科技计划（Z181100003818009）的资助。

由于编者业务水平的限制，书中若有疏漏或不足之处，欢迎提出宝贵意见和建议。

编者

目 录

第1篇　汞污染控制技术研究背景 / 001

第1章　汞污染及其危害 002

1.1　汞的毒性 002
1.2　汞污染危害 003
参考文献 005

第2章　汞污染问题的国际背景 006

2.1　全球汞污染现状、关键涉汞行业及技术管理需求 006
　　2.1.1　全球汞的生产、使用、排放及关键涉汞行业 006
　　2.1.2　全球汞技术管理需求 007
2.2　汞污染防治国际进程 008
2.3　全球汞使用及排放现状 009
2.4　中国汞污染防治管理现行体系 009
　　2.4.1　中国的履约要求 009
　　2.4.2　汞污染防治现行管理体系 010
　　2.4.3　汞污染防治的政府责任分工 021
2.5　国际社会及国外发达国家汞污染防治管理体系 023
　　2.5.1　国际社会对汞污染防治管理的基本要求 023
　　2.5.2　国外发达国家关于汞污染防治管理概况 025
参考文献 037

第2篇 汞的有意使用行业 / 038

第3章 原生汞生产行业汞污染控制技术 ·· **039**

3.1 汞矿采冶行业概况 ·· 039
3.1.1 原生汞生产行业概况 ·· 039
3.1.2 原生汞生产现状 ·· 040
3.2 典型生产工艺 ·· 041
3.2.1 汞矿开采工艺 ·· 041
3.2.2 选矿工艺 ·· 042
3.2.3 汞冶炼工艺 ·· 042
3.3 汞污染控制技术 ·· 044
3.3.1 汞矿采选及汞冶炼大气污染的控制 ························ 044
3.3.2 汞矿含汞废渣、废石的处理 ······························ 045
3.3.3 汞矿含汞废水的处理 ·· 046
3.3.4 鼓励研发的技术 ·· 046
参考文献 ·· 047

第4章 电石法聚氯乙烯行业汞污染控制技术 ····························· **048**

4.1 电石法聚氯乙烯生产行业概况 ···································· 048
4.2 典型生产工艺 ·· 050
4.2.1 电石生产 ·· 050
4.2.2 氯乙烯单体（VCM）合成 ····································· 050
4.3 汞污染控制技术 ·· 053
4.3.1 推广技术类 ·· 053
4.3.2 应用示范类 ·· 055
4.3.3 研发技术类 ·· 057
参考文献 ·· 058

第5章 添汞产品生产汞污染控制技术 ································· **06**

5.1 添汞产品生产行业概况 ··· 06
5.1.1 含汞医疗器械行业现状及工艺技术 ··························· 06

5.1.2　含汞电光源 ··· 063

5.1.3　含汞电池行业 ·· 065

5.1.4　含汞试剂生产 ·· 068

5.1.5　电光源用固汞生产 ·· 069

5.1.6　齿科用银汞合金生产 ·· 070

5.2　汞污染控制技术 ·· 071

参考文献 ·· 072

第3篇　汞的无意排放行业 / 074

第6章　燃煤行业汞污染控制技术 ······························· **075**

6.1　燃煤电厂大气汞排放及污染控制现状 ··· 076

6.1.1　行业概况 ·· 076

6.1.2　排放现状 ·· 077

6.1.3　大气污染防治情况 ··· 077

6.2　燃煤工业锅炉大气汞排放及污染控制现状 ······································· 079

6.2.1　行业概况 ·· 079

6.2.2　排放现状 ·· 082

6.2.3　污染防治情况 ·· 082

6.3　燃煤行业最佳环境实践 ·· 082

6.4　燃煤行业汞污染控制最佳可行性技术 ·· 083

6.4.1　燃料替代控制技术 ··· 083

6.4.2　燃烧前脱汞技术 ·· 083

6.4.3　燃烧中脱汞技术 ·· 085

6.4.4　燃烧后脱汞技术 ·· 086

参考文献 ·· 091

第7章　有色金属冶炼汞污染控制技术 ···················· **093**

7.1　有色金属冶炼行业现状 ·· 093

7.1.1　锌冶炼行业现状 ·· 094

7.1.2　铅冶炼行业现状 ·· 095

7.1.3　铜冶炼行业现状 ·· 096

7.1.4　工业黄金冶炼行业现状 ·· 097

7.2　典型生产工艺及产污环节 ·· 098

　　7.2.1　锌冶炼典型冶炼工艺产污节点 ··· 098

　　7.2.2　铅冶炼典型冶炼工艺产污节点 ··· 100

　　7.2.3　铜冶炼典型冶炼工艺产污节点 ··· 100

　　7.2.4　工业黄金冶炼典型冶炼工艺产污节点 ····································· 101

7.3　汞污染控制技术 ··· 103

　　7.3.1　冷凝法 ··· 103

　　7.3.2　吸附法 ··· 103

　　7.3.3　吸收法 ··· 104

　　7.3.4　国内有色金属冶炼汞污染控制技术 ·· 107

参考文献 ·· 108

第8章　水泥生产行业汞污染控制技术 ··· **110**

8.1　水泥生产行业汞污染及污染控制现状 ·· 110

8.2　水泥生产工艺 ··· 112

　　8.2.1　典型水泥生产工艺 ·· 112

　　8.2.2　水泥窑协同处置工艺 ··· 112

8.3　汞污染控制技术 ··· 116

　　8.3.1　水泥行业汞来源 ··· 116

　　8.3.2　水泥生产过程中大气汞排放及污染控制现状 ····························· 118

　　8.3.3　国内外技术现状对比 ··· 124

参考文献 ·· 125

第9章　含汞废物处理处置污染控制技术 ·· **127**

9.1　含汞废物的来源 ··· 127

9.2　含汞废物污染控制技术 ·· 130

　　9.2.1　发达国家含汞废物污染控制技术 ··· 130

　　9.2.2　中国含汞废物污染控制技术 ··· 134

9.3　含汞废物处理处置可行技术 ··· 149

　　9.3.1　废汞催化剂处理处置 ··· 149

　　9.3.2　含汞冶炼废渣处理处置 ·· 151

　　9.3.3　废旧荧光灯处理处置 ··· 152

　　9.3.4　废含汞化学试剂处理处置 ·· 155

9.4　鼓励研发的技术 ··· 156

参考文献 ┄┄ 157

第 10 章　汞污染土壤治理与修复技术 ┄┄┄┄┄┄┄┄┄┄┄┄┄┄┄┄┄┄┄ 159

10.1　汞污染土壤概述 ┄┄┄┄┄┄┄┄┄┄┄┄┄┄┄┄┄┄┄┄┄┄┄┄┄┄┄┄ 159
10.2　含汞土壤修复技术 ┄┄┄┄┄┄┄┄┄┄┄┄┄┄┄┄┄┄┄┄┄┄┄┄┄┄ 160
10.3　含汞土壤修复新技术 ┄┄┄┄┄┄┄┄┄┄┄┄┄┄┄┄┄┄┄┄┄┄┄┄ 163
　10.3.1　含汞土壤植物修复新技术 ┄┄┄┄┄┄┄┄┄┄┄┄┄┄┄┄┄ 164
　10.3.2　含汞土壤微生物修复新技术 ┄┄┄┄┄┄┄┄┄┄┄┄┄┄┄ 165
　10.3.3　含汞土壤钝化新技术 ┄┄┄┄┄┄┄┄┄┄┄┄┄┄┄┄┄┄┄ 167
　10.3.4　含汞土壤热解析-低温等离子体处理新技术 ┄┄┄┄┄┄┄ 169
参考文献 ┄┄┄┄┄┄┄┄┄┄┄┄┄┄┄┄┄┄┄┄┄┄┄┄┄┄┄┄┄┄┄┄┄┄┄┄ 172

后记　┄┄ 175

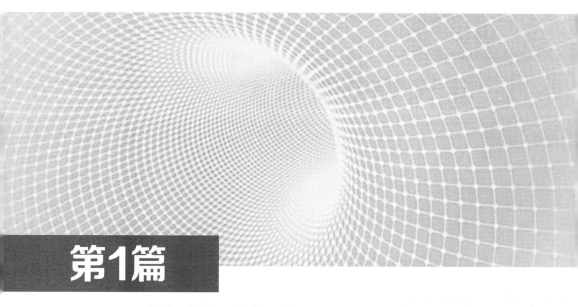

第1篇

汞污染控制技术研究背景

本篇主要介绍了汞污染危害以及国内外汞污染防治背景，阐述了开展汞污染防治技术研究的必要性，旨在从国际视角明晰全球汞污染现状、关键涉汞行业及技术管理需求。

第1章

汞污染及其危害

1.1 汞的毒性

汞，俗称水银，相对密度13.6，熔点−39.3℃，沸点357℃，是常温下唯一呈液态的金属，也是唯一以气态单质形态存在于大气中并参与全球循环的重金属元素。汞在常温下即可蒸发，例如，零价汞具有挥发性、长距离迁移性；无机汞会直接或间接地在微生物的作用下转化为甲基汞、二甲基汞等有机汞，生物毒性大大增强。同时导热性能差，但导电性能良好。在自然界中，汞主要以金属汞、无机汞和有机汞化合物的形式存在，且汞易与大部分普通金属形成汞合金，也称汞齐（不包含铁）。在汞的化合物中，汞通常以+1价或+2价的形式存在，环境中以任何形式存在的汞均可在一定条件下转化为甲基汞。环境湿度、pH值、汞的浓度等均能影响汞的甲基化。金属汞的生产应用非常广泛，例如以汞合金方式提取金银等贵金属以及镀金、镏金等；化学工业中作为生产汞化合物的原料，或作催化剂，如食盐电解用汞阴极制造氯气、烧碱等；口腔科以银汞合金填补龋齿等[1]。

汞是一种重要的环境有毒有害物质，对人类和高等生物具有极大的危害性，表现出强烈的神经毒性和致畸、致癌和致突变性，已成为中国乃至全球的优先控制污染物。汞是人体非必需的元素，以不同的形式广泛赋存于不同的环境介质和食物（特别是鱼类），来影响人体和野生生物的健康。汞化合物对人体和动物均具有较高的毒性。汞中毒是接触汞所导致的一种中毒现象，大部分致毒的汞化合物都是有机化合物。

汞的毒性具有急性毒性和慢性毒性两种。急性毒性主要由人畜吸入汞蒸气或者口服汞及其化合物所引起。吸入汞蒸气后在数秒钟内即引起腐蚀性气管炎、支气管炎、毛细血管炎和间质性肺病、腐蚀性口腔炎和胃肠炎等。慢性毒性主要是指职业性汞接触者的汞中毒，少数患者是由于汞抑制剂引起的，先有头晕、头痛、失眠、多梦等症状，随后有情绪激动或抑郁、焦虑、胆怯及神经紊乱等。

汞中毒多见于慢性中毒，主要发生在生产中长期吸入汞蒸气或汞化合物粉尘，以精神-神经异常、齿龈炎、震颤为主要症状[2]。大剂量汞蒸气吸入或汞化合物摄入，则发生急性中毒。研究表明，鱼在含汞量 $0.01 \sim 0.02 mg/L$ 的水中生活就会中毒；人若摄入 $0.1g$ 金属汞就会中毒致死。有机汞化合物主要用作农药杀菌剂，其中毒多因喷洒时大量吸入或误食所致，故多为急性或亚急性中毒[3]。引起急性、亚急性中毒的甲基汞剂量成人是 $20mg/kg$，胎儿是 $5mg/kg$，若每人每天摄入甲基汞 $0.005mg/kg$，经几年、十几年的蓄积也能引起慢性中毒。有机汞还可通过胎盘屏障进入胎儿体内，致使胎儿先天性汞中毒，或畸形，或痴呆[4]。

无机汞的甲基化可通过生物代谢转化完成，也可以通过物理化学的非生物甲基化反应实现，主要发生在水和土壤中。有机汞能在生物体内富集，通过食物链增强了汞的危害性。研究表明，淡水鱼和浮游植物对汞的富集倍数为 1000 倍，淡水无脊椎动物为 10 万倍，而海洋动物则高达 20 万倍。即使在远离汞排放源的地方，汞的生物放大作用也会在水生食物链中的顶级消费者体内造成显著的毒性效应。汞的蓄积性往往要几年或十几年才能反映出来。

不同于其他重金属元素，汞进入环境后在特定条件下会转化为毒性更大、生物有效性更强的甲基汞（MeHg），并通过各种途径进入食物链而构成对人类健康的危害。甲基汞是目前人们认识的唯一具有生物积累和生物放大效应的汞化合物，其他形态的汞如 Hg^0、$Hg(II)$ 及二甲基汞（Me_2Hg）等，均不具有生物积累放大效应。海洋、湖泊中的野生鱼贝类具有非常强的富集甲基汞的性能，基于水体的富集倍数为 $10^4 \sim 10^7$[5]。植物对汞也有富集能力，如某些菌类和豆类植物。世界卫生组织推荐，人体每天摄入总汞的量与体重之比 $\leqslant 0.71 \mu g/kg$，每天摄入甲基汞的量 $\leqslant 0.47 \mu g/kg$。

1.2 汞污染危害

汞是地壳中相当稀少的一种元素，极少数的汞在自然中以纯液态金属的状态存在。辰砂（又称朱砂，HgS）、氯硫汞矿（Hg_3SCl）、硫锑汞矿和其他一些与辰砂共生的矿物是最常见的汞矿。

汞通过各种自然因素和人类活动进入自然界，循环于生物圈和自然环境，进而蓄积于动植物群落。汞向环境的排放源可分为以下四类。一是自然源，自然源主要包括海洋和其他水体表面、岩石、地表土、植物、火山、地热活动等，海洋和其他水体表面是最大的自然源[6]；二是初级人为源，由于原材料（例如化石燃料、煤和天然气、石油以及其他经开采、处理和回收的矿物质）中汞或汞杂质的迁移而造成的排放；三是次级人为源，因需要而被故意用于产品和生产工艺中的汞在工业生产、泄漏、废品处置或焚烧过程中的排放[7]；四是过去因人为因素排放的汞沉积到土壤、沉积物、水体、垃圾填埋场和废物/尾渣堆放地后，又再次迁移而造成的排放。由于汞的大气循环和食物链富集，排放到环境中的汞出现在全球各种介质和食物中，特别是鱼类，其水平已能对人类和野生生物构成不利影响。

人类对汞污染危害的认识始于 20 世纪五六十年代震惊世界的"水俣病"。水俣病[8]，1953 年首先在日本熊本县水俣市发生，主要是由于当地化工厂向水体中排放含汞废水，经细菌作用转化为毒性十分强烈的甲基汞，甲基汞通过生物富集作用在贝类和鱼类体内积累，居民因食用受污染的水产品而致病，据统计，患有水俣病症状人数达到 47600 多人，确诊病例约 3000 人，其中 11000 多人得到经济救助。水俣病造成直接经济损失高达 3000 多亿日元，导致的社会动荡和混乱连续不断，至今仍有 3700 多人继续申请诉讼赔偿。此外，在伊拉克、巴西、印度尼西亚、美国等国家也发生过汞污染事件。20 世纪 80 年代初，我国吉林省松花江也出现了甲基汞的严重污染。

中国也曾发生过因工业用汞而造成的汞污染事件。如 2006 年重庆北碚汞污染事件，造成当地河流周围 300 多亩（1 亩＝666.7m²）土地荒芜，蔬菜粮食超标，严重危害人体健康。2007 年贵阳百花湖汞污染事故，造成 180 多平方千米土地不同程度地受到了汞的污染和危害，清镇地区土壤含汞量在 200mg/kg 以上的土壤有 66hm²，水底含汞量达 76.9％，大米含汞在 0.03～0.13mg/kg 范围。陕西安康旬阳汞矿汞污染，造成汞矿区域河流总汞含量约 6.35μg/L，土壤中总汞含量平均值为 106.6mg/kg，汞矿区域沉积物中汞含量高达 580mg/kg，周边地区的植物（小麦、白菜等）超出国家标准 60～200 倍。时至今日，汞矿和冶炼区附近地区（如贵州地区）的水体、土壤和大米中仍可检测到较高浓度的汞。

汞污染来源种类众多，涉及多种环境介质，因不能被分解或降解为无毒物质，对人及高等生物体的毒性污染具有持久性。另外，汞在大气、水体以及土壤中也具有不同的价态，其存在价态客观决定着其环境安全风险等级，也决定着在大气、水体以及土壤污染治理和修复技术路线的选择和环保目标的确定，体现出较强的差异性。

汞的暴露有以下四种途径：一是饮食暴露。在中国沿海地区，与世界上其他地区类似，鱼是主要的汞暴露途径；在内陆汞污染地区，大米是汞暴露的主要途径。二是环境介质暴露。汞通过空气和水等环境介质造成人体暴露。三是职业暴露。汞矿开采、有色金属冶炼、氯碱及汞催化剂生产、医疗器械和电子产品的制造等行业的生产过程造成的人体暴露。四是日常生活用品暴露。含汞中药、化妆品、仪表使用和医药品造成的人体暴露。人体健康汞暴露的危害取决于暴露的方式、程度及暴露时间。

释放到大气中的汞多数是蒸气态单质汞，随空气团作长距离（全球范围）迁移，在大气中的停留时间是几个月甚至一年。部分单质汞溶于水而沉降，部分则被氧化成气态二价化合物（如 $HgCl_2$），附着于大气颗粒物上沉降，沉降过程一般要经过 $100 \sim 1000km$ 的距离。汞还能从水和土壤里再释放，这就延长了汞在环境中的停留时间。

参 考 文 献

[1] 方浩斌，蔡定建，罗序燕. 汞污染及治理技术[J]. 应用化工，2013，42(10)：1916-1919.

[2] Kot A，Namiesik J. The role of speciation in analytical chemistry[J]. TrAC Trends in Analytical Chemistry，2000，19(23)：69-79.

[3] 付晓萍. 重金属污染物对人体健康的影响[J]. 辽宁城乡环境科技，2004，(6)：8-9.

[4] Mason R P，Fitzgerald W F，Moral M M. The biogeochemical cycling of element mercury：anthoropogenic influences[J]. Geochimicrn and Cosmochimica Acta，1994，58：3191-3198.

[5] Stein E D，Cohen Y，Winner A M. Environmental distribution and transformation of mercury compounds [J]. Critical Reviews in Environmental Science and Technology，1996，26(1)：1-43.

[6] UNEP AMAP. Technical Background Report to the Global Atmospheric Mercury Assessment：Arctic Monitoring and Assessment Programme[R]. US：UNEP Chemicals Branch，2008.

[7] Lindqvist O. Atmospheric mercury a review[J]. Tellus，1985，37B：135-159.

[8] 温武瑞，李培，李海英，等. 我国汞污染防治的研究与思考[J]. 环境保护，2009，(18)：33-35.

第2章

汞污染问题的国际背景

2.1 全球汞污染现状、关键涉汞行业及技术管理需求

2.1.1 全球汞的生产、使用、排放及关键涉汞行业

汞的生产和使用在全球有悠久的历史，汞及其化合物也曾为世界经济社会的发展做出了贡献。从 20 世纪 50 年代起，汞污染防治问题引起了国际社会的广泛关注。2015 年全球大气圈汞污染排放源主要地区分布如表 2-1 所示。

表 2-1　2015 年全球不同地区汞排放分布[1]

地区	排放量(范围)/t	占比/%
澳大利亚、新西兰和大洋洲	8.79(6.93～13.7)	0.4
中美洲和加勒比地区	45.8(37.2～61.4)	2.1
独联体和其他欧洲国家	124 (105～170)	5.6
东亚和东南亚	859 (685～1430)	38.6
欧洲联盟(EU28)	77.2(67.2～107)	3.5
中东国家	52.8(40.7～93.8)	2.4
北非	20.9(13.5～45.8)	0.9
北美	40.4(33.8～59.6)	1.8

地区	排放量(范围)/t	占比/%
南美洲	409（308～522）	18.4
南亚	225（190～296）	10.1
撒哈拉以南的非洲	360（276～445）	16.2
累计	2220(2000～2820)	100.0

　　根据 UNEP《2018 年度全球汞评估报告》[1]，燃煤、小金矿、有色金属冶炼等是人为大气汞排放的主要来源。快速工业化使亚洲成为全球人为汞排放最多的地区，其排放量接近全球总排放量的 50%。在过去 20 年间，全球的汞排放量一直保持相对稳定，在 2010 年，人类活动造成的排放被认为略低于 2000t。尽管可得到更多的汞数据，但对排放的估算仍无法确定，其范围在 1010～4070t。全球各行业大气汞排放情况如图 2-1 所示。

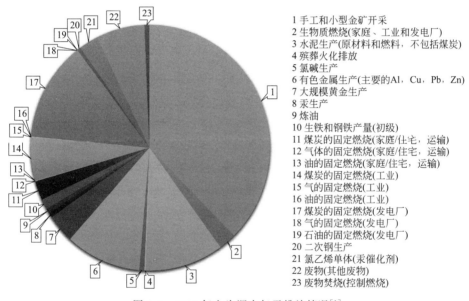

1 手工和小型金矿开采
2 生物质燃烧(家庭、工业和发电厂)
3 水泥生产(原材料和燃料，不包括煤炭)
4 殡葬火化排放
5 氯碱生产
6 有色金属生产(主要的Al，Cu，Pb，Zn)
7 大规模黄金生产
8 汞生产
9 炼油
10 生铁和钢铁产量(初级)
11 煤炭的固定燃烧(家庭/住宅，运输)
12 气体的固定燃烧(家庭/住宅，运输)
13 油的固定燃烧(家庭/住宅，运输)
14 煤炭的固定燃烧(工业)
15 气的固定燃烧(工业)
16 油的固定燃烧(工业)
17 煤炭的固定燃烧(发电厂)
18 气的固定燃烧(发电厂)
19 石油的固定燃烧(发电厂)
20 二次钢生产
21 氯乙烯单体(汞催化剂)
22 废物(其他废物)
23 废物焚烧(控制燃烧)

图 2-1　2015 年人为源大气汞排放情况[1]

2.1.2　全球汞技术管理需求

　　《2018 年全球汞评估报告》分析指出[1]，全球汞技术管理的宗旨为力争在全球范围内减少汞的使用，控制汞的排放和释放，减少汞污染对环境和人体健康的危害。而要达到这一目标，需要开展以下工作：

　　① 研究涉汞行业含汞废气、含汞废水、含汞废渣等的污染防治共性及关键技

术，并推进技术的示范及应用。

② 研究汞污染防治的策略及政策。

③ 进一步明确全球大气汞排放源，完善监测/检测方法，量化排放清单。

④ 建立全球一体化监测大气汞沉积的网络数据库，完善大气汞分布数据，完善汞传输、风险评估模型。

⑤ 研究汞沉积、甲基化以及生物摄取量之间的关系，明确汞在大气-海洋、大气-土壤、大气-植被之间的交换通量，研究汞的甲基化和去甲基化机理。研究不同形态汞特别是甲基汞、二甲基汞的毒性及其作用。

⑥ 研究全球汞迁移和循环过程及相应的数学模型。

2.2 汞污染防治国际进程

早在 20 世纪 50 年代日本水俣病爆发之后，汞污染问题就已引起世人的重视。自 20 世纪 90 年代汞作为一种全球污染物的概念提出后，汞污染防治问题引起了国际社会的广泛关注。发达国家率先采取行动，并逐渐推进了诸多与汞相关的国际公约/协议的签署和实施。自 2001 年起，汞问题引起国际社会的广泛关注。2002 年联合国环境规划署（UNEP）完成的《全球汞评估报告》指出，环境中广泛存在汞污染并已威胁到人类和动物的健康。2003 年 UNEP 第 22 届理事会审议了《全球汞评估报告》并指出，汞已对全球环境造成不利影响，将采取统一行动解决汞问题。此后，国际社会就采取自愿性措施还是国际法律约束手段来解决汞问题的可能性进行了广泛的讨论与评估。2009 年在 UNEP 第 25 届理事会上，各方就制定独立的汞公约达成共识，启动针对汞问题具有法律约束力的国际文书（简称汞公约）谈判，会上就汞文书的结构、实质性条款、资金机制、技术转让与援助、遵约机制等进行了全面政策交流。其中实质性条款包括汞的供应、需求、贸易、含汞废物、污染场地修复、无意排放等。2013 年 1 月 13～18 日，联合国环境规划署在日内瓦召开了关于拟定一项具有法律约束力的汞文书政府间谈判委员会第五次会议，经过艰苦谈判，会议于最后一刻（即日内瓦时间 2013 年 1 月 19 日清晨）就《关于汞的水俣公约》文书内容达成一致。2013 年 10 月 9～12 日，联合国环境规划署在日本熊本市召开的《关于汞的水俣公约》外交全权代表大会上，通过了《关于汞的水俣公约》文本和大会最后文件，包括中国在内的各国参会代表分别在最后文件和《关于汞的水俣公约》上签字。2016 年 4 月 28 日，第十二届全国人民代表大会常务委员会第二十次会议批准《关于汞的水俣公约》（以下简称《汞公约》）。《汞公约》自 2017 年 8 月 16 日起对我国正式生效。这是"里约+20 会议"以后国际社会通过的第一个多边环境条约，对于控制全球汞污染具有十分重要的意义。

2.3 全球汞使用及排放现状

2013 年联合国环境规划署（UNEP）组织专家研究编写了《汞排放识别和量化工具包》，其中列明了所有可能存在的人为汞排放源，共包括 11 大类 50 余个子类别。UNEP 于 2006 年和 2008 年对全球 2005 年汞的需求量和人为源的大气汞排放量进行了估算，结果显示，按汞需求量大小排列，有意用汞领域依次为小规模/手工金矿开采、电石法聚氯乙烯（PVC）生产、汞法氯碱生产、电池生产、牙科用汞合金、测量和控制装置、电光源生产、电气和电子装置等，其中，测量和控制装置包括温度计、血压计、自动调温器以及其他如气压计、压力计、干湿球温度计、湿度计、液体比重计等；电气和电子装置包括电气开关和继电器。按汞排放量大小排列，燃煤是人为源中最大的汞排放源，占排放总量的 45% 以上，其后依次是小规模/手工金矿开采、水泥生产、有色金属冶炼、废物焚烧等。2005 年，全球人为活动向大气中排放的汞约 1930t，其中亚洲排放约 1281t，居世界之首，其次为非洲、欧洲和北美洲。2005 年，我国人为源大气汞的排放量超过 800t，世界上 40% 汞排放都是中国贡献的，在 2003 年，中国大气汞排放了 400~1000t，中国被认为是全球最大的汞排放贡献国。

依据国内外的调研和估算结果，可初步确定我国主要的涉汞行业包括原生汞生产、电石法 PVC 生产、含汞试剂生产、电池生产、电光源生产、医用体温计和血压计生产、燃煤、有色金属冶炼、水泥生产、含汞废物处理处置和废物焚烧[2]。汞使用或排放量同样较大的汞法提金工艺、汞法烧碱工艺，已列入《淘汰落后生产能力、工艺和产品目录》中限期淘汰，我国已不存在合法生产的企业。

2.4 中国汞污染防治管理现行体系

2.4.1 中国的履约要求

中国被认为是向大气中排放汞量最多的国家之一，几乎涵盖联合国环境规划署《汞排放定量定性估算工具包》中所有 11 大类 59 小类排放源，涉及行业包括矿山采矿、燃煤发电、钢铁制造、有色金属冶炼、水泥生产、化工等国家支柱行业。尽早部署并开展汞污染控制技术的研发和成果转化，将极大推动未来我国的履约进程，促进汞污染防治技术的国际合作及技术输出，推进实现"走出去"战略的深入实施，为发展中国家履约提供技术装备及管理模式支持。我国贯彻落实《关于汞的水俣公约》有关事项如下：

① 自 2017 年 8 月 16 日起，禁止开采新的原生汞矿，各地国土资源主管部门停止颁发新的汞矿勘查许可证和采矿许可证。2032 年 8 月 16 日起，全面禁止原生汞矿开采。

② 自 2017 年 8 月 16 日起，禁止新建的乙醛、氯乙烯单体、聚氨酯的生产工艺使用汞、汞化合物作为催化剂或使用含汞催化剂；禁止新建的甲醇钠、甲醇钾、乙醇钠、乙醇钾的生产工艺使用汞或汞化合物。2020 年氯乙烯单体生产工艺单位产品用汞量较 2010 年减少 50％。

③ 禁止使用汞或汞化合物生产氯碱（特指烧碱）。自 2019 年 1 月 1 日起，禁止使用汞或汞化合物作为催化剂生产乙醛。自 2027 年 8 月 16 日起，禁止使用含汞催化剂生产聚氨酯，禁止使用汞或汞化合物生产甲醇钠、甲醇钾、乙醇钠、乙醇钾。

④ 禁止生产含汞开关和继电器。自 2021 年 1 月 1 日起，禁止进出口含汞的开关和继电器（不包括每个电桥、开关或继电器的最高含汞量为 20mg 的极高精确度电容和损耗测量电桥及用于监控仪器的高频射频开关和继电器）。

⑤ 禁止生产汞制剂（高毒农药产品），含汞电池（氧化汞原电池及电池组、锌汞电池、含汞量高于 0.0001％ 的圆柱形碱锰电池、含汞量高于 0.0005％ 的扣式碱锰电池）。自 2021 年 1 月 1 日起，禁止生产和进出口附件中所列含汞产品（含汞体温计和含汞血压计的生产除外）。自 2026 年 1 月 1 日起，禁止生产含汞体温计和含汞血压计。

⑥ 有关含汞产品将由商务部会同有关部门纳入禁止进出口商品目录，并依法公布。

⑦ 自 2017 年 8 月 16 日起，进口、出口汞应符合《关于汞的水俣公约》及我国有毒化学品进出口有关管理要求。

⑧ 各级环境保护、发展改革、工业和信息化、国土资源、住房和城乡建设、农业、商务、卫生计生、海关、质检、安全监管、食品药品监管、能源等部门，应按照国家有关法律法规规定，加强对汞的生产、使用、进出口、排放和释放等的监督管理，并按照《关于汞的水俣公约》履约时间进度要求开展核查，一旦发现违反本公告的行为，将依法查处。

2.4.2 汞污染防治现行管理体系

2.4.2.1 法律法规体系

中国对大气汞污染防治工作日益重视，围绕松花江汞的控制开展一系列防治工作。20 世纪 90 年代以来，中国对大气汞污染防治工作日益重视，开展了大量的汞大气排放相关法律法规的研究，与汞污染控制相关的法律，包括《大气污染防治法》《清洁生产促进法》等。为了推进汞等重金属污染防治工作的开展，2011年颁布实施了《重金属污染综合防治"十二五"规划》。中国涉汞相关法律法规如表2-2所示。

表2-2　中国涉汞相关法律法规

法规名称	发布时间/文件名称	发布机构	主要内容
中华人民共和国大气污染防治法	1987年颁布，2000年修订	人大常务委员会	采取大气污染防治措施有计划地控制或逐步削减各地方主要大气污染物的排放总量
中华人民共和国环境保护法	1989年12月	人大常务委员会	规定了环境保护的体系和制度，是中国环境保护的根本法
中华人民共和国固体废物污染环境防治法	1996年4月实施，2005年4月修订	人大常务委员会	规定了中国境内危险废物环境污染防治工作要求
危险废物经营许可证管理办法	国务院令〔2004〕408号	国务院	规定了从事医疗废物处置的单位必须由国家环保总局审批颁发许可证
重金属污染综合防治"十二五"规划	2011年2月	国务院	规定到2015年重点重金属污染物在重点区域排放量比2007年减少15%，在非重点区域排放量不超过2007年水平
"十三五"生态环境保护规划	2016年11月24日	国务院	强调了加大重金属污染防治力度和重金属综合防控区。加强汞污染控制。禁止新建采用含汞工艺的电石法聚氯乙烯生产项目，到2020年聚氯乙烯行业每单位产品用汞量在2010年的基础上减少50%。加强燃煤电厂等重点行业汞污染排放控制。禁止新建原生汞矿，逐步停止原生汞开采。淘汰含汞体温计、血压计等添汞产品

中国政府分别于1992年5月和2004年4月批准了涉及汞的《巴塞尔公约》《鹿特丹公约》。2002年开始实行进口汞的定点加工，对汞的进口进行防治。2005年中国已明确将含汞催化剂列入"含汞废物"。2007年，国务院发布的《产业结构调整指导目录（2007年）》中对于氯化汞催化剂项目明确规定为限制类。2009年11月，环保部牵头下发《关于深入开展重金属污染企业专项检查的通知》，要求对重金属污染源开展监测工作。中国已开始逐步建立汞污染监测系统，加强污染监控。2009年12月，《国务院办公厅转发环境保护部等部门关于加强重金属污染防治工作指导意见的通知》（国办发〔2009〕61号）。涉汞产品的生产过程中有环境保护、劳动保护等方面的要求，生产过程中产生的固体废弃物属于危险废物，列入《国家危险废物名录》。禁止部分产品包括农药、化妆品和高汞电池。淘汰落后工艺包括土法炼汞、小黄金、汞法烧碱、汞法提金，年产汞10t以下的企业，也列入淘汰目录。限制PVC生产能力在$8×10^4$t/年以下的乙炔法。中国涉汞相关部门规章如表2-3所示。

表 2-3　中国涉汞相关部门规章文件

法规名称	发布时间/文件名称	发布机构	主要内容
危险废物转移联单管理办法	1999 年 10 月	国家环保总局	规定国务院环境保护行政主管部门对全国危险废物转移联单实施统一监督管理,并要求转移医疗废物应办理危险废物转移联单
危险废物污染防治技术政策	2001 年 12 月	国家环保总局	规定了危险废物全过程污染防治的技术选择要求
铅锌冶炼工业污染防治技术政策	2012 年 3 月	环境保护部	严格控制原料中汞、砷、镉、铊、铍等有害元素含量。无汞回收装置的冶炼厂,不应使用汞含量高于 0.01% 的原料。含汞的废渣作为铅锌冶炼配料使用时,应先回收汞,再进行铅锌冶炼。应提高铅锌冶炼各工序中铅、汞、砷、镉、铊、铍和硫等元素的回收率,最大限度地减少排放量。鼓励采用氯化法、碘化法等先进、高效的汞回收及烟气脱汞技术处理含汞烟气 含铅、汞、镉、砷、镍、铬等重金属的生产废水,应按照国家排放标准的规定,在其产生的车间或生产设施进行分质处理或回用,不得将含不同类的重金属成分或浓度差别大的废水混合稀释 鼓励研发从固体废物中回收铅、锌、镉、汞、砷、硒等有价成分的技术,利用固体废物制备高附加值产品技术,湿法炼锌中铁渣减排及铁资源利用、锌浸出渣熔炼技术与装备 高效去除含铅、锌、镉、汞、砷等废水的深度处理技术,膜及生物及电解等高效分离、回用的成套技术和装置等
汞污染防治技术政策	2015 年 12 月 24 日	环境保护部	规定了涉汞行业的一般要求、过程控制、大气污染防治、水污染防治、固体废物处理处置与综合利用、二次污染防治、鼓励研发的新技术等内容,为涉汞行业相关规划、污染物排放标准、环境影响评价、总量控制、排污许可等环境管理和企业污染防治工作
火电厂污染防治技术政策	2017 年 1 月 10 日	环境保护部	规定了火电厂烟气中汞等重金属的去除应以脱硝、除尘及脱硫等设备的协同脱除作用为首选,若仍未满足排放要求,可采用单项脱汞技术。鼓励研发烟气中汞等重金属控制技术与在线监测设备
关于发布《优先控制化学品名录(第一批)》的公告	2017 年 12 月 27 日	环境保护部、工业和信息化部、卫生计生委	将汞及其化合物列入《优先控制化学品名录(第一批)》的化学品,纳入排污许可制度管理,限制使用和鼓励替代,实施清洁生产审核及信息公开制度
国家危险废物名录	2008 年 8 月	国家发展和改革委员会	为加强对危险废物的管理而制定的危险废物目录,其中含汞废物编号为 HW29

法规名称	发布时间/文件名称	发布机构	主要内容
关于限制电池产品汞含量的规定	1997 年 12 月	中国轻工总会、国家经济贸易委员会、国内贸易部、对外贸易经济合作部、国家工商行政管理局、国家环境保护局等部门	分步实施限制电池汞含量的工作,首先实现低汞,最终达到无汞。低汞电池汞含量小于电池重量的 0.025%;无汞电池汞含量小于电池重量的 0.0001%。2001 年起禁止在国内生产、经销汞含量大于电池重量 0.025%的电池;凡进入国内市场销售的电池产品均需标注汞含量;汞含量大于电池重量 0.0001%的碱性锌锰电池 2005 年起禁止在国内生产,2006 年起禁止在国内经销
关于实行危险废物处置收费制度促进危险废物处置产业化的通知	发改价格〔2003〕1874 号	发改委/国家环保总局/卫生部/财政部/建设部	全面推行危险废物处置收费制度,合理制定处置收费标准,制定科学合理的计收办法,加强收费管理
关于深入开展重金属污染企业专项检查的通知	2009 年 9 月	环境保护部、国家发展和改革委员会、工业和信息化部等部门	全面排查涉汞企业,摸清企业汞污染物排放情况
关于加强电石法生产聚氯乙烯及相关行业汞污染防治工作的通知	环发〔2011〕4 号	环境保护部	加强国内电石法聚氯乙烯生产、汞催化剂生产、废汞催化剂利用处置企业的汞污染防治管理工作,应对国际公约谈判
铅锌行业准入条件	发 改 委〔2007〕13 号	国家发展和改革委员会	规范铅锌冶炼行业的投资行为,制止盲目投资和低水平重复建设。防止锌渣中汞等有害重金属离子随意堆放造成的污染。严禁铅锌冶炼厂废水中重金属离子等有害物质超标排放
氯碱(烧碱、聚氯乙烯)行业准入条件	发 改 委〔2007〕74 号	国家发展和改革委员会	禁止新改扩建烧碱生产装置采用普通金属阳极、石墨阳极和水银法电解槽,鼓励采用 30m² 以上节能型金属阳极隔膜电解槽及离子膜电解。鼓励采用乙烯氧氯化法聚氯乙烯生产技术替代电石法聚氯乙烯生产技术,鼓励干法制乙炔、大型转化器、变压吸附、无汞催化剂等电石法聚氯乙烯工艺技术的开发和技术改造。鼓励新建电石渣制水泥生产装置采用新型干法水泥生产工艺。产生的废汞催化剂、废汞活性炭、含汞废酸、含汞废水等必须严格执行国家危险废物的管理规定
烧碱/聚氯乙烯行业清洁生产评价指标体系	2006 年 12 月	国家发展和改革委员会	评价烧碱/聚氯乙烯生产企业的清洁生产水平,为企业推行清洁生产提供技术指导。规定聚氯乙烯生产工艺废水中总汞应小于 2.0×10^{-5} kg/t 聚氯乙烯,权重为 5

法规名称	发布时间/文件名称	发布机构	主要内容
产业结构调整指导目录（2011 年本）	2011 年 6 月	国家发展和改革委员会	鼓励分子筛固汞、无汞等新型高效环保催化剂和助剂的开发与生产；高效节能电光源技术开发、产品生产及固汞生产工艺应用；废旧灯管回收再利用；含汞废物汞回收处理技术和汞替代品的开发与应用。限制新改扩建充汞式玻璃体温计、血压计生产装置、银汞合金齿科材料。淘汰单台炉容量小于 12500kV·A 的电石炉及开放式电石炉，高汞催化剂和使用高汞催化剂的乙炔法聚氯乙烯生产装置，落后方式炼汞工艺及设备；淘汰汞制剂，含汞开关和继电器，汞电池，含汞高于 0.0001% 的圆柱形碱锰电池，含汞高于 0.0005% 的扣式碱锰电池（2015 年）

2.4.2.2 污染控制标准体系

生态环境部组织制订和修订涉及重金属污染防治的技术政策、最佳可行技术指南以及相关标准，包括排放标准、监测规范、样品标准、清洁生产标准、环境影响评价标准、监测分析方法等。目前中国与汞相关的环境标准虽然有 20 余个，包括强制性污染控制标准有《大气污染物综合排放标准》（GB 16297—1996）、《工业炉窑大气污染物排放标准》（GB 9078—1996）、《危险废物焚烧污染控制标准》（GB 18484—2001）和《生活垃圾焚烧污染控制标准》（GB 18485—2014）等。但总体而言，有关汞生产、消费、处置和污染防治的标准和技术规范尚不完善。中国污染控制标准体系如表 2-4～表 2-6 所示。

表 2-4　中国汞环境质量标准

标准名称	标准号	发布机构	主要内容
环境空气质量标准	GB 3095—2012	国家质量监督检验检疫总局	规定了环境空气质量功能区划分、标准分级、污染物项目、取值时间及浓度限值，采样与分析方法及数据统计的有效性规定
海水水质标准	GB 3097—1997	国家环境保护局和国家海洋局	规定了中国管辖的海域一类海水汞浓度 $\leqslant 0.00005mg/L$，二类和三类海水汞浓度 $\leqslant 0.0002mg/L$，四类海水汞浓度 $\leqslant 0.0005mg/L$
地表水环境质量标准	GB 3838—2002	国家环境保护总局	规定中国领域地表水环境质量标准一、二、三、四、五类水体汞标准限值分别为 0.00005mg/L、0.00005mg/L、0.0001mg/L、0.001mg/L 和 0.001mg/L。集中式生活饮用水地表水源地甲基汞标准限值为 1.0×10^{-6} mg/L

标准名称	标准号	发布机构	主要内容
农田灌溉水质标准	GB 5084—2005	中华人民共和国国家质量监督检验检疫总局和中国国家标准化管理委员会	规定农田灌溉用水总汞浓度标准为0.001mg/L
生活饮用水卫生标准	GB 5749—2006	中华人民共和国卫生部和中国国家标准化管理委员会	饮用水水质常规指标规定汞浓度不得超过0.001mg/L
渔业水质标准	GB 11607—1989	国家环境保护局	规定了鱼、虾类的产卵场、索饵场、越冬场、洄游通道和水产增养殖区等海、淡水的渔业水域水质应符合汞浓度≤0.005mg/L
地下水质量标准	GB 14848—2017	国家质量监督检验检疫总局	规定除地下热水、矿水、盐卤水外的地下水质量一、二、三、四、五类水体中汞浓度应分别≤0.00005mg/L、≤0.0005mg/L、≤0.001mg/L、≤0.001mg/L 和≤0.001mg/L
土壤环境质量标准	GB 15618—1995	国家环境保护局和国家技术监督局	规定一级土壤（自然背景）汞浓度≤0.15mg/L，二级土壤（pH<6.5）汞浓度≤0.30mg/L，二级土壤（pH6.5~7.5）汞浓度≤0.50mg/L，二级土壤（pH>7.5）汞浓度≤1.0mg/L，三级土壤（pH>6.5）汞浓度≤1.5mg/L

表 2-5　中国涉汞行业排放标准

标准名称	标准号	发布机构	主要内容
水泥工业大气污染物排放标准	GB 4915—2013	环境保护部和国家质量监督检验检疫总局	水泥窑及窑尾余热利用系统汞及其化合物排放限值为 0.05 mg/m³
污水综合排放标准	GB 8978—1996	国家环境保护总局	适用于现有单位以及建设项目污水中总汞最高允许排放浓度 0.05mg/L，烷基汞不得检出
工业炉窑大气污染物排放标准	GB 9078—1996	国家环境保护局	1997 年 1 月 1 日前安装的用于金属熔炼的工业炉窑一级标准的最高允许汞排放浓度为 0.05mg/m³，其他工业炉窑一级标准的最高允许汞排放浓度为 0.008mg/m³。1997 年 1 月 1 日起新、改、扩建用于金属熔炼和其他工业炉一级标准禁止排汞
火电厂大气污染物排放标准	GB 13223—2011	国家质量监督检验检疫总局	燃煤锅炉烟囱或烟道汞及其化合物排放限值为 0.03mg/m³
锅炉大气污染物排放标准	GB 13271—2014	环境保护部和国家质量监督检验检疫总局	燃煤锅炉烟囱或烟道汞及其化合物排放限值为 0.05mg/m³
火葬场大气污染物排放标准	GB 13801—2015	环境保护部和国家质量监督检验检疫总局	遗体火化单位烟囱排放大气汞污染物排放限值为 0.1mg/m³

标准名称	标准号	发布机构	主要内容
车间空气中汞卫生标准	GB 16227—1996	国家技术监督局和卫生部	规定车间空气中汞的最高容许浓度为 0.02mg/m³
大气污染物综合排放标准	GB 16297—1996	国家环境保护局	规定了现有污染源汞及其化合物最高允许排放浓度为 0.012mg/m³,无组织排放监测点位于周界外浓度最高点,监控浓度限制为 0.0015mg/m³。新污染源汞及其化合物最高允许排放浓度为 0.012mg/m³,无组织排放监测点位于周界外浓度最高点,监控浓度限制为 0.0012mg/m³
危险废物焚烧污染控制标准	GB 18484—2001	国家环境保护总局	规定危险废物焚烧炉汞及其化合物排放限值为 0.1kg/h
生活垃圾焚烧污染控制标准	GB 18485—2014	环境保护部和国家质量监督检验检疫总局	规定焚烧炉大气污染物排放限值汞测定均值为 0.05mg/m³
铅、锌工业污染物排放标准	GB 25466—2010	环境保护部和国家质量监督检验检疫总局	大气:铅、锌工业企业烧结、熔炼工序污染物净化设施排放口监测的大气中汞及其化合物排放限值为 0.05mg/m³。企业边界大气污染物任何 1h 平均浓度汞及其化合物排放限值为 0.0003mg/m³ 水体:企业车间或生产设施废水排放口监测的水中汞污染物排放限值为 0.03mg/L。采取特别保护措施的地区,企业间或生产设施废水排放口监测水中汞排放限值为 0.01mg/L
铜、镍、钴工业污染物排放标准	GB 25467—2010	环境保护部和国家质量监督检验检疫总局	大气:铜、镍、钴工业企业冶炼、烟气制酸工序车间或设施排放口监测的大气中汞及其化合物排放限值为 0.012mg/m³。企业边界大气污染物任何 1h 平均浓度汞及其化合物排放限值为 0.0012mg/m³ 水体:铜、镍、钴工业企业车间或生产设施废水排放口监测的水中汞污染物排放限值为 0.05mg/L。采取特别保护措施的地区,企业间或生产设施废水排放口监测水中汞排放限值为 0.01mg/L
电池工业污染物排放标准	GB 30484—2013	环境保护部和国家质量监督检验检疫总局	大气:锌锰/锌银/锌空气电池企业车间或生产设施排放口大气中汞及其化合物排放限值为 0.01mg/m³。企业边界大气污染物任何 1h 平均浓度汞及其化合物排放限值为 0.00005mg/m³ 水体:锌锰/锌银/锌空气电池企业车间或车间处理设施排放口水中总汞排放限值为 0.005mg/L。采取特别保护措施的地区,企业间或车间处理设施排放口水中总汞排放限值为 0.001mg/L
水泥窑协同处置固体废物污染控制标准	GB 30485—2013	环境保护部和国家质量监督检验检疫总局	协同处置固体废物排放大气中汞及其化合物排放限值为 0.05mg/m³

标准名称	标准号	发布机构	主要内容
锡、锑、汞工业污染物排放标准	GB 30770—2014	环境保护部和国家质量监督检验检疫总局	大气:锡、锑、汞工业企业冶炼、烟气制酸工序车间或设施排放口监测的大气中汞及其化合物排放限值为 $0.01mg/m^3$。企业边界大气污染物任何 1h 平均浓度汞及其化合物排放限值为 $0.0003mg/m^3$ 水体:锡、锑、汞工业企业车间或生产设施废水排放口监测的水中汞污染物排放限值为 $0.005mg/L$。采取特别保护措施的地区,企业间或生产设施废水排放口监测水中汞排放限值为 $0.005mg/L$
无机化学工业污染物排放标准	GB 31573—2015	环境保护部和国家质量监督检验检疫总局	大气:无机酸、碱、盐、氧化物、氢氧化物、过氧化物及单质工业企业车间或生产设施废水排放口汞及其化合物排放限值为 $0.01mg/m^3$。企业边界大气污染物任何 1h 平均浓度汞及其化合物排放限值为 $0.0003mg/m^3$ 水体:无机酸、碱、盐、氧化物、氢氧化物、过氧化物及单质工业企业车间或生产设施废水排放口总汞排放值为 $0.005mg/L$
工业企业卫生设计标准	TJ 36-79	卫生部	规定新改扩续建的大中型工业企业和产生显著毒害的小型工业企业居住区大气中汞的最高容许日平均浓度为 $0.0003mg/m^3$。地面水中汞的最高容许浓度为 $0.001mg/m^3$。含汞可溶性工业废渣必须专设具有防水、防渗措施的存放场所,并严禁埋入地下与排入地面水体。车间空气中金属汞、升汞、有机汞化合物的最高容许浓度分别为 $0.01mg/m^3$、$0.1mg/m^3$、$0.005mg/m^3$
城镇污水处理厂污染物排放标准	GB 18918—2002	国家环境保护总局	规定城镇污水处理厂出水总汞最高允许排放浓度为 $0.001mg/L$,烷基汞不得检出。污泥在酸性土壤上(pH<6.5)农用时总汞最高允许含量为 5mg/kg 干污泥,在中性和碱性土壤上(pH≥6.5)为 15mg/kg 干污泥
生活垃圾填埋场污染控制标准	GB 16889—2008	中华人民共和国环境保护部	规定现有和新建生活垃圾场自 2008 年 7 月 1 日执行常规污水处理设施排放口监测总汞浓度限值为 $0.01mg/L$ 的要求
清洁生产标准 氯碱工业(聚氯乙烯)	HJ 476—2009	环境保护部	规定了氯碱工业(聚氯乙烯)企业清洁生产的六类清洁生产指标,其中采用低汞催化剂和含汞酸性废水处理技术的为一级,仅采用低汞催化剂技术的为二级,其余为三级。且均需将氯乙烯汞回收处理。单位产品汞催化剂消耗量 ≤1.20kg/t 时为一级,≤1.30kg/t 时为二级,≤1.40kg/t 时为三级。单位产品末端处理前废水中总汞产生量≤1.5g/t 时为一级,≤1.8g/t 时为二级,≤2.0g/t 时为三级

表 2-6　中国各环境介质中汞监测的相关标准

标准名称	标准号	发布机构	主要内容
食品安全国家标准 食品中总汞及有机汞的测定	GB 5009.17—2014	国家卫生和计划生育委员会	规定了各类食品中总汞的测定方法

标准名称	标准号	发布机构	主要内容
水质 总汞的测定 冷原子吸收分光光度法	HJ 597—2011	国家环境保护局	规定了地面水、地下水、饮用水、生活污水及工业废水测定水中总汞的方法
化妆品卫生化学标准检验方法 汞	GB 7917.1—1987	卫生部	规定了化妆品中总汞的测定方法
固体废物 总汞的测定 冷原子吸收分光光度法	GB/T 15555.1—95	国家环境保护局和国家技术监督局	规定了测定固体废物浸出液中总汞的测定方法
工作场所空气有毒物质测定第 18 部分：汞及其化合物	GBZ/T 300.18—2017	国家卫生和计划生育委员会	规定了生产和使用汞现场空气样品汞的测定方法
土壤质量 总汞的测定 冷原子吸收分光光度法	GB/T 17136—1997	国家环境保护总局	规定了测定土壤中总汞的测定方法
电池中汞、镉、铅含量的测定	GB/T 20155—2006	国家质量监督检验检疫总局和国家标准化管理委员会	规定了电池中汞、镉、铅含量的检测方法
电子电气产品中限用物质铅、汞、镉检测方法	GB/Z 21274-2007	国家质量监督检验检疫总局和国家标准化管理委员会	规定了各类电子电气产品中汞的测定方法
荧光灯含汞量检测的样品制备	GB 23113—2017	国家质量监督检验检疫总局和国家标准化管理委员会	规定了定量分析荧光灯中含汞量的测定程序
固定污染源废气 汞的测定 冷原子吸收分光光度法（暂行）	HJ 543—2009	环境保护部	规定了测定固定污染源废气汞的冷原子吸收分光光度法
土壤和沉积物 汞、砷、硒、铋、锑的测定 微波消解/原子荧光法	HJ 680—2013	环境保护部	规定了测定土壤和沉积物中汞、砷、硒、铋、锑的微波消解/原子荧光法
水质 汞、砷、硒、铋和锑的测定 原子荧光法	HJ 694—2014	环境保护部	规定了测定水质中汞、砷、硒、铋和锑的原子荧光法
固体废物 汞、砷、硒、铋、锑的测定 微波消解/原子荧光法	HJ 702—2014	环境保护部	规定了测定固体废物中汞、砷、硒、铋、锑的微波消解/原子荧光法
环境空气 气态汞的测定 金膜富集/冷原子吸收分光光度法	HJ 910—2017	环境保护部	规定了测定环境空气气态汞的金膜富集/冷原子吸收分光光度法
土壤和沉积物 总汞的测定 催化热解-冷原子吸收分光光度法	HJ 923—2017	环境保护部	规定了测定土壤和沉积物总汞的催化热解-冷原子吸收分光光度法

标准名称	标准号	发布机构	主要内容
汞水质自动在线监测仪技术要求及检测方法	HJ 926—2017	环境保护部	规定了测定汞水质自动在线监测仪技术要求及检测方法
生活垃圾化学特性通用检测方法	CJ/T 96-2013	住房和城乡建设部	规定了城市生活垃圾中汞的测定方法
工作场所空气中汞及其化合物的测定方法	GBZ/T160.14—2004	卫生部	规定了监测工作场所空气中汞及其化合物浓度的方法
电池用浆层纸 第9部分:含汞量的测定	QB/T 2303.9—2008	国家发展和改革委员会	规定了电池用浆层纸含汞量的测定方法,适用于电池用浆层纸含汞量的测定

2.4.2.3 含汞产品和涉汞工艺汞控制管理体系

国家《"十二五"规划纲要》指出,要"加快经济发展方式转变""提高生态文明水平""发展绿色经济"和"建设资源节约型、环境友好型社会"的目标,汞作为一种特殊的重金属物质,涉及的行业门类众多,污染问题复杂多样,本项目相关工作符合并将响应《"十二五"规划纲要》的基本要求。对于全面推进中国重金属污染综合防治工作的顺利开展,有效控制涉汞行业的环境污染,促进行业可持续发展具有重要意义。中国含汞产品汞含量标准如表 2-7 所示。

表 2-7 中国含汞产品汞含量标准

领域	标准名称	发布机构	主要内容
汞	汞 GB 913—2012	国家质量监督检验检疫总局和国家标准化管理委员会	规定了火法冶炼等方法生产的汞的技术要求,试验方法、检验规则和包装、贮存、运输及标志
食品	食品安全国家标准食品中污染物限量 GB 2762—2017	国家卫生和计划生育委员会	规定了食品中污染物的限量指标(以 Hg 计)。粮食(成品粮)总汞限量为 0.02mg/kg,薯类(土豆、白薯)、蔬菜、水果、鲜乳总汞限量为 0.01mg/kg,肉、蛋(去壳)总汞限量为 0.05mg/kg,鱼(不包括食肉鱼类)及其他水产品甲基汞限量为 0.5mg/kg,食肉鱼类(如鲨鱼、金枪鱼及其他)甲基汞限量为 1.0mg/kg
血压计和血压表	血压计和血压表 GB 3053—93	国家技术监督局	规定血压计、血压表中凡与汞直接接触的零件均应有耐汞腐蚀的材料制成,且血压计不应漏汞
食用菌	食品安全国家标准食用菌及其制品 GB 7096—2014	国家卫生和计划生育委员会	规定干食用菌≤0.2mg/kg(以 Hg 计),鲜食用菌≤0.1mg/kg(以 Hg 计)
食用菌罐头	食品安全国家标准罐头食品 GB 7098—2015	国家卫生和计划生育委员会	规定食用菌罐头总汞≤0.1mg/kg(以 Hg 计)

领域	标准名称	发布机构	主要内容
化妆品	化妆品卫生标准 GB 7916—1987	卫生部	规定化妆品汞限量为 1 mg/kg,含有机汞防腐剂的除外。仅限眼部化妆品和眼部卸妆品使用最大浓度为 0.007% 硫柳汞(乙基汞硫代水杨酸钠),并需在标签上说明含有"乙基汞硫代水杨酸钠"
电池	碱性及非碱性锌-二氧化锰电池中汞、镉、铅含量的限制要求 GB 24427—2009	国家质量监督检验检疫总局和国家标准化管理委员会	规定碱性及非碱性锌-二氧化锰电池(扣式电池除外)中无汞电池汞含量不大于 $1\mu g/g$。低汞电池汞含量不大于 $250\mu g/g$
灯	环境标志产品技术要求 照明光源 HJ 2518—2012	环境保护部	规定了双端荧光灯产品、自镇流荧光产品和单端荧光灯产品中的汞含量应小于等于 10mg
茶叶	茶叶中铬、镉、汞、砷及氟化物限量 NY 659—2003	农业部	规定茶叶中汞含量需小于 0.3mg/kg
牙科产品	齿科银汞调合器 YY/T 0273—2009	国家食品药品监督管理局	规定了齿科银汞调合器夹头应满足正常工作时,在安装和取下胶囊过程中不应使胶囊受到损坏而发生汞的泄漏
牙科产品	牙科学 银汞合金胶囊 YY 0715—2009	国家食品药品监督管理局	规定 1 型胶囊的包装容器及胶囊表面不得被汞和/或银合金粉污染
污泥	农用污泥中污染控制标准 GB 4284—1984	中华人民共和国城乡建设环境保护部	规定农田施用污泥中酸性土壤上(pH<6.5)汞及其化合物的最高容许含量为 5mg/kg 干污泥,在中性和碱性土壤上(pH≥6.5)为 15 mg/kg 干污泥
垃圾	城镇垃圾农用控制标准 GB 8172—1987	国家环境保护局	规定城镇垃圾农用控制标准值总汞标准限值为 5mg/kg

2.4.2.4 汞流通全过程控制管理体系

遏制和解决重金属污染问题,需要经济部门、环保部门、企业界以及全社会共同努力,采取综合手段,加强执法监督,建立联动机制。中国将从多个方面推进重金属污染防治工作,进而对调整和优化产业结构、加强重金属污染治理、强化环境执法监管、加大资金和政策支持力度、加强技术研发和示范推广、健全法规标准体系等方面提出要求。中国汞流通控制管理体系如表 2-8 所示。

表 2-8 中国汞流通控制管理体系

领域	标准名称	发布机构	主要内容
鉴别	危险废物鉴别标准 GB 5058.3—2007	国家环境保护局和国家质量监督检验检疫总局	规定固体废物浸出液汞浓度超过 0.1mg/L 时,判定该固体废物是具有浸出毒性特征的危险废物

领域	标准名称	发布机构	主要内容
储存	常用化学危险品贮存通则 GB 15603—1995	国家技术监督局	规定了钾汞合金（B4.75）、钠汞合金（B4.76）、砷酸汞（61012）、硝酸汞（61030）、氯化汞（B6.13）、汞（B6.14）、苯甲酸汞（61093）、溴化亚汞（61509）等贮存通则
储存	危险废物贮存污染控制标准 GB 18597—2001	国家环境保护总局	规范了危险废物贮存行为，规定了危险废物包装、贮存设施的选址、设计、运行、安全防护、监测和关闭等要求
填埋	危险废物填埋污染控制标准 GB 18598—2001	国家环境保护总局	提出了危险废物安全填埋场在建造和运行过程中涉及的环境保护要求，是指导危险废物安全填埋处置的基本标准
劳动安全	职业性汞中毒诊断标准 GBZ 89—2007	卫生部	规定了职业性汞中毒的诊断标准及处理原则

2011年2月国务院通过的"重金属污染综合防治规划（2011—2015）"，重点关注汞、铅、镉、砷和铬等重金属污染防治。该规划提出："到2015年，集中解决一批危害群众健康和生态环境的突出问题，建立起比较完善的重金属污染防治体系、事故应急体系和环境与健康风险评估体系，解决一批损害群众健康的突出问题；进一步优化重金属相关产业结构，基本遏制住突发性重金属污染事件高发态势。"该《规划》的实施，标志着重金属污染防治将作为当前和今后一个时期环境保护工作的大事。为了落实重金属规划的实施，环境保护部对各地方环保部门提出了《重金属污染综合防治规划编制技术指南》，指导地方重金属规划的编制和实施。

因此，中国针对汞公约所涉及的背景调查和基础研究、行业污染防治技术评估、政策标准体系建设以及相关工程实例工作将全面展开。在此特定的历史阶段，如何结合国内需求，并充分借鉴国外发达国家的汞污染防治和管理方面的经验，制定切实可行的汞污染防治政策导向至关重要。

2.4.3　汞污染防治的政府责任分工

（1）国家标准　全国人民代表大会环境与资源保护委员会（ERPC）负责相关环境法律的研发、审查和颁布。

中华人民共和国生态环境部是国务院组成部门，2018年3月根据第十三届全国人民代表大会第一次会议批准的国务院机构改革方案设立。按照国务院的要求，生态环境部（MEE）是环境保护的最高行政机构，负责制定并组织实施生态环境政策、规划和标准，统一负责生态环境监测和执法工作，监督管理污染防治、核与辐射安全，组织开展中央环境保护督察等，主要处理以下事务：

① 环境政策和管理问题；

② 污染防控的法律与法规的执行和监督；

③ 部门交叉和区域协调问题；

④ 环境质量与排放标准；

⑤ 环境管理和环境影响评价；

⑥ 研发、认证和环保产业；

⑦ 环境监测与信息公开；

⑧ 全球环境问题与国际公约；

⑨ 核安全。

生态环境部直接参与环保政策的制定，为解决环境问题，有权调配其他部委。

（2）**地方标准**　环保部监督省级和县级环境保护局（环保局）。环保局是省级政府办公室的一部分。他们执行国家和省环境保护法律、法规、标准、策划，参与监测污染。

各种地方行政单位在环境保护方面发挥以下作用：

① 四个直辖市的市长办公室有权对涉及工业发展与环境保护的大型投资项目作出决定；

② 县级以上规划委员会负责审查环保局的环保计划，并把环保计划融入当地经济和社会发展计划；

③ 工业局在日常工业污染治理方面发挥重要作用；

④ 市财政局管理城市的收入和支出，在排污收费制度方面起到重要作用；

⑤ 城建局负责污水处理厂的建设和运营。

（3）**行业协会**　中国有许多不同的行业协会，其工作职责与汞管理相关，他们在各自的工作职责范围内推进汞管理进程。

中国煤炭工业协会是由全国煤炭行业的企事业单位、社会团体及个人自愿联合结成的全国性、非营利性社会组织。具有对兴办煤炭企业和行业内重大投资、改造、开发建设项目的先进性、经济性和可行性进行前期论证和跟踪管理工作的职能；具有受政府部门委托，开展行业调查研究的职能；也具有参与制定、修订本行业有关标准和规范，组织推进会员单位贯彻实施的职能。

中国石油与化工联合会是具有服务和一定管理职能的全国性、综合性的社会中介组织，具有可以对内联合行业力量，对外代表中国石油和化工行业，加强与国外和境外同行的合作与交流的职能。可以为中国石化行业清单工作的开展提供行业内的组织、协调及实施工作。

中国有色金属工业协会是由中国有色金属行业的企业、事业单位、社团组织和个人会员自愿组成的经济性社团组织，具有根据政府主管部门的授权和委托，开展行业统计调查工作，采集、整理、加工、分析并发布行业信息的职能，具有通过调查研究为政府制定行业发展规划、产业政策、有关法律法规提出意见和建议的职能，也具有协助政府主管部门制定、修订和监督本行业国家标准的职能。

中国照明协会是中国轻工业全国性、综合性、具有服务和管理职能的工业性中介组织，具有组织开展行业统计，收集、分析、研究和发布行业信息的职能，具有开展行业调查研究，向政府提出有关经济政策和立法方面的意见或建议的职能，也具有参与制定、修订和监督国家标准和行业标准实施的职能。

中国电池工业协会的主管部门是国家贸易委员会，同时接受国家民政部和中国轻工业联合会的管理。中国电池工业协会的职能是：对电池工业的政策提出提议，起草电池工业的发展规划和电池产品的标准，组织有关科研项目和技术改造项目的鉴定，开展技术咨询、信息统计、信息交流、人才培训，为行业培育市场、组织国内（际）展览交易会、协调企业生产、销售和出口工作中的问题等。通过咨询、协调、服务和建立健全行规行约，强化全行业自律性管理，为政府和企业服务，在政府和企业间起桥梁和纽带作用。

中国医疗器械行业协会是由全国范围内从事医疗器械生产、经营、科研开发、产品检测及教育培训的单位或个人在自愿的基础上联合组成的行业性、非营利性的社会团体。主管部门是国务院国有资产监督管理委员会，由中国工业经济联合会代管，同时接受民政部、国家食品药品监督管理总局等有关部门的业务指导。具有开展有关医疗器械行业发展问题的调查研究，向政府有关部门提供政策和立法等方面的意见和建议的职能，具有进行行业统计，收集、分析、发布行业信息，开展行业咨询的职能；也具有参与国家标准、行业标准、质量规范的制定、修改、宣传和推广，开展行业资质管理工作的职能。

2.5　国际社会及国外发达国家汞污染防治管理体系

2.5.1　国际社会对汞污染防治管理的基本要求

为了响应国际公约/协议以及国际社会的总体要求，世界各国都在积极努力，旨在逐步促进世界各国对汞污染源、环境迁移、环境影响和减排措施的认识和理解。欧盟内部已经建立了以《综合污染防治指令》（IPPC，1996/61/EC）为核心、以许可证管理为手段的环境管理体系，制定了操作性很强的各工业行业最佳可行技术指南（BREF），还专门制定了《欧洲汞共同战略》来全面控制汞污染。欧盟对含汞产品采取了严格的管控措施，指令2006/66/EC禁止销售含汞重量超过0.0005%的电池或蓄电池以及含汞重量超过2%的纽扣电池；指令2007/51/EC禁止在新的体温计和血压计等测量和控制设备中使用汞；RoHS指令限制Hg、Pb、Cd、Cr（Ⅵ）、PBB、PBDE六种有害物质在电气电子设备中的使用。此外，欧盟委员会2005年发布公告，提出全面控制汞污染的长期计划，其中包括2011年的汞出口和汞法氯碱生产禁令以及汞被禁止使用后的处理和安全储存问题。

《关于汞的水俣公约》是具有法律约束力的全球性汞问题文书，其主要分为 13 个章节，包括序言、导言、供应和贸易、产品和工艺、手工和小规模采金业、排放和释放、储存、废物和受污染场地、财政资源、技术援助和实施援助、体制安排、争端解决、公约的进一步完善以及最终条款；此外还包括 6 个附件，即添加汞的产品、使用汞或汞化合物的制造工艺、手工和小规模采金业、向大气排放的汞及其化合物来源清单、向土地和水释放的汞来源以及仲裁和调解程序。对我国影响较大的主要是以下几方面内容。

（1）**汞供应和贸易**　公约第 3 条规定了针对"汞的供应来源和贸易"的管控要求，主要包括：在公约对缔约方生效后，禁止新建原生汞矿；15 年内关闭所有原生汞矿，期间原生汞仅可用于公约允许用途或含汞废物处置；禁止对废弃氯碱设施中的过量汞进行回收、再循环、再生使用、直接再使用或替代使用；限制汞或汞化合物的国际贸易等。

（2）**对添汞产品相关行业的影响**　公约的第 4 条和第 6 条规定了针对添汞产品的管控要求和豁免要求，受管控的添汞产品及管控措施列于公约附件 A 中，其中附件 A 第一部分为明确淘汰时限的 6 大类添汞产品，包括电池、开关和继电器、电光源、化妆品、农药、生物杀虫剂和局部抗菌剂、非电子测量仪器；附件 A 第二部分为限制类产品，目前只有牙科银汞合金。对于附件 A 第一部分的添汞产品，若不申请豁免，淘汰期限为 2020 年；若申请豁免，最多可申请 2 期，每期 5 年，则淘汰期限可延长至 2025 或 2030 年。对于附件 A 第二部分，公约要求采取措施逐步减少牙科银汞合金的使用，鼓励使用高质量无汞替代材料进行牙科修复的保险政策和项目，规定牙科银汞合金只能以封装形式使用等。

（3）**对用汞工艺相关行业的影响**　在公约附件 B 管控的 5 类用汞工艺中，在我国仍有生产的是氯乙烯单体生产工艺。我国是全球唯一存在电石法 PVC 生产工艺的国家。近年来我国在逐步加大电石法 PVC 生产的汞污染防治力度，对生产过程中的汞使用和排放采取全过程管理和控制措施。有关部门相继出台了政策规章，推广应用低汞催化剂，淘汰高汞催化剂的使用，鼓励研发无汞催化剂，加强对含汞废物的回收处置。目前，低汞催化剂的应用尚未成熟，无汞催化剂技术尚处于研发阶段。按照公约要求，公约生效后需禁止新建使用含汞催化剂的电石法 PVC 生产设施，需在缔约方大会确认无汞催化剂技术和经济均可行 5 年后禁止使用汞催化剂，2020 年单位 PVC 产量的用汞量比 2010 年减少 50%，需采取措施减少对原生汞的依赖，减少汞的排放和释放。对于公约附件 C 管控的手工和小规模采金也提出了相关要求。

（4）**大气汞排放**　公约第 8 条规定了针对"大气汞排放"的管控要求，但并未提出具有法律约束力的强制性要求。列入公约附件 D 的点源主要包括燃煤电厂、燃煤工业锅炉、有色金属（铅、锌、铜和工业黄金）冶炼和焙烧工艺、废物焚烧设施、水泥生产设施等5类。对于新排放源，公约要求在公约对其生效后5年内，各缔约方应使用最佳可行技术（BAT）和最佳环境实践（BEP），控制并减少汞的大气排放。对于现有排放源，公约要求在公约对其生效后10年内，各缔约方应采取下列一种或多种措施，并将其包括在国家计划中：量化减排目标、排放限值、BAT/BEP、多污染物控制措施以及其他替代减排措施。此外，公约还要求在公约对其生效后4年内，拥有相关汞排放源的缔约方应制定国家计划，并提交缔约方大会；在公约对其生效后5年内，各缔约方应建立汞排放清单；向缔约方大会提交相关信息报告。

（5）含汞废物和污染场地 公约条款第十一"汞废物"中的第三条（一）规定，按照巴塞尔公约制定的指导准则，对汞废物进行无害化管理，各缔约方需按该指南要求对收集、储存及利用处置汞废物的企业进行管理。基于对汞废物行业现状和公约条款的分析，研究发现中国目前尚未出台针对含汞废物无害化管理的技术指南及标准规范，相关企业尚不能达到巴塞尔公约含汞废物无害化管理技术指南要求的技术水平。

2.5.2 国外发达国家关于汞污染防治管理概况

汞在许多发达国家被列入优先管理的有毒化学品名单，通过环境污染控制法、职业安全法、环境质量标准、产品控制标准等形成了针对汞的管理法规体系。

2.5.2.1 美国汞污染防控管理概况

美国在汞污染防治法律法规体系方面，通过立法加强对汞排放、汞使用和暴露、汞污染管理和防治，美国涉汞相关法律法规如表2-9所示。

表2-9 美国涉汞相关法律法规

法规名称	发布时间	发布机构	总体目标
清洁空气法（CAA）	1963年发布，1990年最后修订	美国国会	控制美国主要的工业源的大气汞排放,建立基于技术的汞排放标准,对含汞产品和废物提出了分类和处理要求,旨在保证人类健康和自然环境不受空气污染的影响
清洁水法（CWA）	1972年颁布，1977年修订	美国国会	提出了不经批准不允许排放含汞废水。在排放许可制度的基础上确定不同行业技术的汞排放量标准,针对各行业实施总量控制,以便实现保护人群健康,确保鱼和野生动物的汞水平的目的
资源保护和回收利用法（RCRA）	1976年10月颁布，1978年和1980年分别做了修订	美国国会	对含汞产品和废物制定了特定的分类和处理要求。此法案致力于污染的预防,其目标有三:一是废物的管理必须有利于保护环境和人体健康;二是最大程度实现废物(包括危险废物)的减量化;三是通过废物循环利用节约能源和自然资源

法规名称	发布时间	发布机构	总体目标
安全饮用水法（SDWA）	1974 年颁布，1996 年修订	美国国会	通过完善重要水利基础设施安全的全程预防处理方案，保护饮用水水源，确保饮用水安全
含汞和可充电电池管理法（MCRBMA）	1996 年	美国国会	对镉镍电池、废小型密封铅酸电池和其他废充电电池的标签、生产、收集、运输、储存等作出了规定；规定了不得销售使用含汞的碱性电池、锌锰电池（有意向电池中投加汞）和氧化汞电池；鼓励废镍镉电池和小型密封铅酸电池的回收利用
禁止汞出口法令	2008 年 9 月	美国国会	规定从 2013 年 1 月起，禁止金属汞的出口、销售、分销和转让，并对汞的长期储存和管理提出了具体要求，防止汞向环境释放，确保其安全储存。主要包括：①联邦机构在控制和管辖内应禁止出口、销售、分销和转让金属汞。这包括美国能源和防御部持有的库存。②拟从 2013 年起禁止出口汞。③美国能源部（DOE）应当指定一个或多个 DOE 设施用于长期管理和存储美国自产的金属汞，不晚于 2010 年执行

　　美国也不断建立健全了污染控制标准体系。在环境空气领域、水污染防治领域、废物和产品领域相继颁布了一系列排放限值和技术要求。美国汞污染防治相关标准如表 2-10～表 2-13 所示。

表 2-10　美国涉汞行业汞排放标准和规定

法规名称	发布时间	发布机构	总体目标
氯碱工业汞减排管理规定	2003 年	美国环保署	该规定针对氯碱生产厂提出了减少汞排放的要求，针对无组织排放提出了严格的工作操作标准要求
固体废物焚烧管理规定	2005 年	美国环保署	针对焚烧炉、水泥窑、轻集料窑、工业/商业/科研用锅炉和工艺加热器，焚烧危险废物的盐酸生产器，提出了汞和其他有害气体污染物排放标准。采用最大可得污染物控制技术（MACT）预计将进一步减少来自各种危险废物燃烧器的汞排放量达到 39%（从每年 2.4t 减少到每年 1.5t）
危险废物焚烧源排放有毒空气污染物排放规定	2005 年	美国环保署	该规定针对五种危险废物焚烧源（焚烧炉、水泥窑、轻集料窑、工业/商业/科研用锅炉和工艺加热器，焚烧危险废物的盐酸生产器）污染源提出了减少有毒空气污染物排放的要求，包括汞
日光灯开关及防抱死制动系统（ABS）开关和自动驾驶控制系统中汽车开关使用规定	2007 年	美国环保署	该规定提出针对涉汞制造、进口或处理电灯开关、防抱死制动系统（ABS）开关、特定的车辆的自动驾驶控制系统中汽车开关的单位，希望发展与汽车拆分者、粉碎者和钢铁制造商的合作关系，并希望美国汽车制造业在对汽车进行拆分、粉碎、投入炼钢炉中融化之前，从废旧汽车上移除含汞开关
电弧炉炼钢设施排放标准	2008 年	美国环保署	该标准针对电弧炉使用引起的汞、铅和其他金属的排放和有害的有机大气污染物排放而提出的。该标准将大大减少未来 10 年里的来自电弧炉和其他废料处理装置的大气汞排放

法规名称	发布时间	发布机构	总体目标
汞及其有毒有害气体排放限制标准	2011年12月16日	美国环保署	规定了自2004年1月30日以后新建的燃煤电站锅炉汞排放限值。烟煤的排放限值为 $9kg/(TW \cdot h)$ 和 $0.007mg/m^3$,次烟煤为 $30 \sim 44kg/(TW \cdot h)$ 和 $0.02 \sim 0.035mg/m^3$,褐煤为 $80kg/(TW \cdot h)$ 和 $0.060mg/m^3$,煤矸石为 $7.3kg/(TW \cdot h)$ 和 $0.006mg/m^3$
硅酸盐水泥生产厂有毒气体排放标准和设施性能标准	2011年	美国环保署	针对新的和现有污染源,提出了汞、总碳氢化合物、颗粒物排放标准限值要求。适用于新建、改建或重建工程

表 2-11　美国水体汞含量标准

法规名称	发布时间	发布机构	总体目标
五大湖系统的水质标准(大湖倡议)	1972年签订,1978年修订	美国环保署	规定五大湖系统水质29种污染物标准,包括受关注的生物累积化学品及禁止在混合区使用有毒化学物质,建立水体中汞污染物分析测试程序,制定了甲基汞水环境标准
每日最大限值规定	1992年	美国环保署	新标准保证人体健康不受鱼类富集甲基汞的危害
甲基汞的水质标准	2001年	美国环保署	规定了废水、饮用水、沉淀物和其他环境样品中汞的分析方法。方法1631水质监测、排放依据、实验室使用的补充测试程序,有助于改善美国环保署的监测能力
污染物分析测试程序:汞在水中的监测方法(方法1631)	2002年	美国环保署	规定五大湖系统水质29种污染物标准,包括受关注的生物累积化学品及禁止在混合区使用有毒化学物质,建立水体中汞污染物分析测试程序,制定了甲基汞水环境标准

表 2-12　美国废物和产品汞含量和测试标准

法规名称	发布时间	发布机构	总体目标
固体废物焚烧规则(40 CFR 第129部分)	1990年	美国环保署	规定了大型和小型生活垃圾焚烧炉、包括感染性废物在内的医疗废物焚烧炉以及工业固废燃烧炉的大气排放标准
含汞资源回收和保护法案的汞测试方法(7470A-7474)	1994年	美国环保署	在执行资源保护与恢复法案(RCRA)的规定时使用该办法检测汞
危险废物鉴别条例(40CFR 第261部分)	2010年	美国环保署	固体废物的分类是基于作为危险废物、危险废物特性和/或EPA研制开发的废物名单上的危险废物。一旦被确认为是危险废物,必须符合所有适用的联邦法规有关的管理
土地批准和土地处理限制规定(40CFR 第268部分)	2005年	美国环保署	规定了在填埋处理前废物含汞必须达到的处理标准,以减少危险废物填埋造成的汞污染

法规名称	发布时间	发布机构	总体目标
通用废物条例（40CFR 第 273 部分）	2005 年	美国环保署	对于某些废物全方位收集要求,包括含汞电池、农药、灯具和温控器 在个别州,可以修改普通废物条例和添加普通废物名录,因此可以更精确地应用该规定

表 2-13 美国职业安全和健康汞相关标准（OSHA）

环境介质	标准编号	含汞限值
水体	50 FR 30791	水体中包括有机物在内的总量限值 $0.144\mu g/L$,有机物总量限值 $0.146\mu g/L$ 淡水中急性暴露限值 $2.4\mu g/L$,长期暴露限值 $0.012\mu g/L$ 海水中急性暴露限值 $2.1\mu g/L$,长期暴露限值 $0.025\mu g/L$
饮用水	40 CFR 141.62	最大污染物限值 $0.002mg/L$
地下水		$2\mu g/L$
瓶装水	21 CFR 103.35	$0.002mg/L$
污泥	40 CFR 503	农业、森林和公共土地使用污泥的汞累积负荷为 $17mg/kg$（干重）和 $17kg/hm^2$ 出售或使用在草坪或庭院中的污泥年污泥负荷为 $17mg/kg$（干重）和 $85kg/kg$ 出售或使用在其他类型土地中的污泥负荷为 $57mg/kg$（干重） 处理设施产生的污泥负荷 $100g/kg$（干重）
鱼类		$1\mu g/g$（$1mg/kg$）
危险废物	40 CFR 261.24, 264	$0.2mg/L$

在管理机构方面,美国政府还通过加强环境保护署和其他部门的共同协作来控制汞污染。美国环境保护署主要致力于制定空气、水和土壤的排放标准,管理汞排放造成的风险。美国食物和药品管理局则管理化妆品、食品和牙科产品当中的汞,美国职业安全和健康管理局负责管理工作环境中的汞暴露。旨在集中各方面的力量推进汞管理工作的开展。在具体管理手段方面,美国通过毒物排放清单（TRI）管理,逐步减少汞及其化合物的排放量。同时,政府更为全面地掌握了排向大气、水、土壤、越境转移处理、越境循环或者就地循环使用的汞及其化合物的信息。并在立法中制定了汞污染控制可行技术（MACT）。比如,要求所有的废物（危险废物、医疗废物和生活垃圾）焚烧设施安装尾气净化装置。

另外,针对汞污染防治还有各州的立法和管理规则。许多州已经颁布了针对汞减排进入大气、土壤和水体的法律法规和管理规定。

2.5.2.2　欧盟汞污染防控管理概况

欧盟是建立汞公约的重要推动力量,特别是北欧、挪威等欧洲国家较 20 世纪80 年代水平已将汞排放量消减了 95％以上。早在 1976 年,欧盟就签署了《黑名单物质框架指令》，汞污染排放列入其中。联合国欧洲经济理事会（UNECE）分别在 1979 年和 1998 年，签署了《长距离跨界大气污染公约》及其《关于重金属的奥胡斯议定书》，要求针对排放的、产品和废物中的汞及其化合物等采取强制性措施，减少汞污染达到议定书设定的限制和目标，要求在 2020 年关闭目标污染物所有的点源和非点源。1992 年，北欧国家签署了《赫尔辛基公约》，对汞的减排和监测设定了约束性指标。

欧盟内部已经建立了以《综合污染防治指令》（IPPC，1996/61/EC）为核心、许可证管理为手段的环境管理体系，制定了操作性很强的各工业行业最佳可行技术指南（BREF），还专门制定了《欧洲汞共同战略》来全面防治汞污染。特别值得指出的是，欧盟对含汞商品/产品限制采取了越来越严厉的措施，欧盟《报废电器电子设备指令》（WEEE）、《电气、电子设备中限制使用某些有害物质指令》（RoHS）已明令禁止含汞电池的进口，要求在 2006 年 7 月 1 日后电子、电器产品中不得超标含有包括汞在内的六种有毒有害物质，并计划在 2009 年 10 月颁布禁止医疗器械含汞的法令。REACH 规定年产量超过 1t 的企业需进行注册，并对汞的监测提出了具体要求（未含化妆品和食品）。

在《欧盟现状书：汞对环境空气的污染》进入准备阶段之后，欧盟通过了《欧洲汞战略》和《欧盟共同体汞战略》。目前，欧盟已经要求能源工业、金属生产和加工业、开矿业、化学工业、废物管理和大规模畜牧业、纸浆造纸业和制革业等使用 BAT 技术来预防或减少汞及其化合物对大气、水和土壤的污染。

2008 年 9 月 25 日正式通过的一项法律规定，欧盟将在 2011 年禁止出口汞，这一法规的对象是正在逐步淘汰"汞法氯碱电槽"的欧盟化工行业。该出口禁令生效以后，不再使用汞的氯碱厂和欧盟其他产业将不得不把过剩的汞储存起来。欧洲汞污染防控管理相关法律法规如表 2-14 所示。

表 2-14　欧洲汞污染防控管理相关法律法规

法规名称	发布时间	发布机构	总体目标
黑名单物质框架指令	1976 年	欧盟	将包括汞在内的有毒有害物质列入黑名单
长距离跨界大气污染公约	1979 年	联合国欧洲经济理事会	对排放的、产品中的、废物中的汞及其化合物等采取强制性措施，采取措施达到议定书设定限值和目标，要求在 2020 年关闭所有目标污染物的点源和非点源设施
关于重金属的奥胡斯议定书	1998 年	联合国欧洲经济理事会	
赫尔辛基公约	1992 年	北欧国家	对汞的减排、监测设定了约束性指标
综合污染防治指令（IPPC，1996/61/EC）	1996 年	欧盟	预防、避免和减少向空气、水和土壤排放汞等污染物，从而提高环境整体水平
最佳可行技术指南（BREF）	2005 年	欧盟	制定了操作性很强的各工业行业最佳可行技术指南减少汞等污染物排放

法规名称	发布时间	发布机构	总体目标
报废电器电子设备指令（WEEE）	2003 年	欧盟	明令禁止含汞电池的进口,要求电子、电器产品中在 2006 年 7 月 1 日后不得超标含有包括汞在内的六种有毒有害物质,并于 2009 年 10 月颁布禁止医疗器械含汞的法令
电气、电子设备中限制使用某些有害物质指令（RoHS）	2003 年	欧盟	
化学品注册、评估、许可和限制法（REACH）	2007 年	欧盟	规定年产量超过 1t 的企业需进行注册,并对汞的监测提出了具体要求
欧盟汞共同体战略	2005 年	欧盟	要求能源工业、金属生产和加工业、开矿业、化学工业、废物管理和大规模畜牧业、纸浆造纸业和制革业等使用最佳可行技术来预防或减少汞及其化合物对大气、水和土壤的污染
禁止出口汞的规定	2008 年	欧盟	欧盟将在 2011 年禁止出口汞,逐步淘汰汞法氯碱电解工艺
REGULATION（EU）2017/852	2017 年	欧盟	规定了金属汞、汞化合物和汞混合物的使用、储存和贸易要求及含汞产品的生产、使用和进出口限制,并增加了对汞废弃物的管理方式。该法规将在 2018 年 1 月 1 日起正式实施,原(EC)No1102/2008《禁止金属汞、某些汞化合物或混合物的出口及金属汞的安全储存》法规也将同时废止。还规定了包括电池、开关、继电器及荧光灯在内的多种产品的限量及对应实施时间

　　丹麦主要通过两个法案来防治汞污染:《环境保护法案》(1974)主要防治排向大气、水体、土壤的会对人类健康或者环境造成危害的化学物质。《化学物质和产品法案》(1980)则加大对化学品的销售、消费和处理的规章管制的力度。目的是避免化学物质对健康和环境造成损害,以及促进清洁技术的使用。

　　德国则根据《联邦排放防治法案》来制定技术导则中预防工业向大气排放的大气污染物排放限值。在具体操作层面上,主要采取了逐步淘汰措施:即从限制现有企业用汞到停止审批新建涉汞企业,再到最终关闭涉汞企业。1990 年,禁止生产含汞工业测量仪,2006 年禁止生产含汞家用测压仪。并计划在 2020 年,淘汰全部涉汞氯碱工艺。

　　芬兰政府通过和化学品咨询委员会的合作来监督各部门和商业部门间的合作,芬兰环境部门和其他不同组织和部门合作监督化学品(包括汞)的使用,芬兰环境协会(SYKE)负责对防污产品、杀黏菌剂和木材防腐剂进行授权,芬兰环境协会和国家产品福利和健康防治机构共同管理生物灭杀剂,芬兰安全技术部门则和市政部门一起,对危险化学品的处理和储存进行核准,农药则由芬兰种植产品监测中心授权。

　　瑞典从 1991 年开始陆续出台了一系列涉汞法规,《危险废物法令》规定需要对汞含量超过 1000mg/kg 的设备或废物进行处置，除非特殊原因，含汞废物须在五年内处置，并且不得迟于 2010 年 7 月 1 日。《化学品处置和进出口法令》要求在1992 年禁止特定含汞产品的商业用途和销售，在 1997 年禁止汞和含汞产品的出口。瑞典政府要求在 2004 年停止汞用于分析用化学品和化学试剂，并要求在 2010年停止氯碱工业用汞。瑞典化学品管理局对含汞光源设定了严格的限制。瑞典政府《无毒环境的化学品战略》（Government Bill 2000/01：65）最晚在 2003 年要求所有产品必须是无汞产品。目前瑞典唯一接受的含汞废物的处理技术就是地下深埋。

挪威主要通过《废物管理法规》和《废物回收条例》对含汞废物进行管理和无害化处置。1998 年禁止了体温计用汞，已禁止除了节能灯、牙医用汞合金和含汞疫苗用途外的进出口。

欧盟各成员国汞污染防控管理相关法律法规如表 2-15 所示。

表 2-15　欧盟各成员国汞污染防控管理相关法律法规

法规名称	发布国家	总体目标
环境保护法案	丹麦	控制汞等污染物向大气、水体、土壤排放，保护环境和人体健康
化学物质和产品法案	丹麦	加大对含汞化学品销售、使用和处理规章的管理力度，发展清洁生产技术，避免汞等污染物破坏环境、危害人体健康
联邦排放控制法案	德国	规定了工业向大气排放的汞等污染物排放限值。采取了从限制现有企业汞的使用，到停止审批新建涉汞企业，再到最终关闭涉汞企业的逐步淘汰措施。1990 年，禁止工业测量仪含汞；2006 年，禁止家用测压仪含汞；计划在 2020 年，淘汰全部涉汞氯碱工艺
危险废物法令	瑞典	规定需要对汞含量超过 1000mg/kg 的设备或废物进行处置，除非特殊原因，含汞废物须在五年处置，并且不得迟了 2010 年 7 月 1 日
化学品处置和进出口法令	瑞典	在 1992 年禁止特定含汞产品的商业用途和销售；在 1997 年禁止汞和含汞产品的出口；在 2004 年停止汞用于分析用化学品和化学试剂，在 2010 年停止氯碱工业用汞；同时严格限制了光源用汞
无毒环境的化学品战略	瑞典	要求到 2003 年所有产品必须实现无汞化。目前瑞典唯一接受的处理技术为地下深埋
废物管理法规	挪威	对含汞废物进行管理和无害化处置，禁止体温计用汞，仅允许节能灯、牙医用汞合金和含汞疫苗用汞的进出口

欧洲在汞管理方面的主要做法和经验包括：一是通过立法加强对汞排放和汞污染的防治；二是设立协同管理机构，强调全过程管理；三是建立汞污染的管理和政策体系，包括源清单建立与管理、技术标准与防治技术指南等；四是产品标签和分类收集：要求生产商标注含汞产品，以便进行严格管理，并满足最低的健康安全要求，将汞隔绝在废物流之外；五是制定排放标准、质量标准以及技术标准等，对汞进行管理和防治；六是综合运用激励型防治手段和市场导向型防治手段、强制性政策与自愿性政策的政策组合。

2.5.2.3　加拿大汞污染防控管理概况

加拿大与汞防治有关的环境介质包括：空气、淡水饮用水、废水。另外还包括船舶处理过程中所涉及的污染场所、产品或废品的运输过程、汞消费品；防治病虫害产品以及职业接触等。

　　为了把有毒物质对环境和健康的危害降到最小，加拿大联邦政府颁布了许多政策、法律和法规。《加拿大环境保护法》赋予环境部制定有关汞和其他有毒物质法规和标准的权力；针对汞等重金属的污染防治制定了《加拿大矿产和金属政策》《汞安全使用原则》《有毒物质管理政策》《联邦污染防治策略》，从宏观角度推进对汞等重金属的管理工作。另外还积极针对各涉汞行业制定相关法规及管理规定。2017年4月，加拿大批准了《关于汞的水俣公约》，并于2017年8月16日生效。加拿大汞管理的相关规定如表2-16所示。

表 2-16　加拿大汞管理的相关规定

法规名称	总体目标
《加拿大环境保护法》之下的有关汞的法规 SOR/2014-254	该法规已于2015年11月7日生效。主要内容如下：任何人不得生产或进口任何含汞的产品，并提出了部分豁免于此法规的产品目录。法规管控所有含汞的产品，被豁免的产品除外，如废弃物，食品和药品法规管控的产品，表面涂层材料法规和玩具法规中定义的表面涂层，产品的均质材料中的汞含量等于或小于0.1%的非电池产品，产品的均质材料中的汞含量等于或小于0.0005%的非纽扣电池，均质材料汞含量小于等于0.0005%的纽扣电池（自2016年1月1日起）等16类产品
总产品法规	设置了最终自然健康产品（NAPs）的总量限值，所有该类产品需要遵守汞的限值，并随着其他市场化健康产品一起由加拿大健康部门进行监测
含汞产品法规修订	2018年1月31日，加拿大政府发布修订含汞产品法规的提案，以符合水俣公约的要求。具体措施包括：①控制大气排放；②到2020年逐步淘汰含汞的上市产品的生产、进口和出口；③减少或消除某些工业过程中使用汞，如聚亚安酯的生产；④通过限制汞的出口来减少汞的供应
氯碱汞排放法规	限制了汞氯碱厂向环境空气的汞排放，包括有关报告排放、故障和细目分类的规定。同时还有附属于《渔业法》的氯碱汞废水排放规定
药品管理法规	禁止使用汞或任何其盐类或衍生物（眼科药物、鼻腔给药器、药物光纤及肠外药品除外）
化妆品管理法规	禁止化妆品使用汞及其化合物
农药管理法规	不再注册汞基农药
零售鱼标准	建立了零售鱼类的最高汞含量限值
国家污染物排放清单（NPRI）	基于预测技术和排放到环境中的化学品的类型和总量来推测污染物清单，它提供给社区、行业和地方政府获得具有一致性和可靠性的相关信息的途径
关于编制和实施贱金属冶炼厂和锌厂某些有毒物质污染防治计划的通知	通知提出了贱金属冶炼厂和锌厂某些有毒物质污染防治计划的编制及实施要求，旨在实现2008年之前加拿大达到373kg汞减排目标
关于编制和实施在钢铁厂处理报废汽车含汞开关过程中汞污染物污染防治计划的通知	针对生产含汞开关的车辆生产商和回收报废车辆的钢厂制造商提出了编制和实施污染防治规划的要求，内容包括：含汞开关管理计划，报废车辆含汞开关的处理目标，无汞废钢采购要求以及培训材料的分发以及含汞开关管理计划基金建立等内容

法规名称	总体目标
环境应急条例	旨在环境应急情况下实施应急预警,保护环境和人体健康,针对特定有毒有害物质制定和实施环境应急预案
危险废物进出口和危险材料回收规定	规定越境转移液体的免税要求为含汞量低于 50mL;在处理和回收汞及其化合物时,需附上其具有的腐蚀性、渗滤液毒性等环境毒性信息
出口管制清单申报条例	该规定要求物品出口时,出口商需提供出口管制清单、经贸合作表以及年度报告
鹿特丹公约下的物品进出口条例	执行鹿特丹公约关于某些危险化学品和农药国际贸易的事先知情批准程序(PIC),否则禁止进口化学品和农药到加拿大
危险产品法案 9 的第一部分:儿童玩具禁令	禁止出售、进口或在加拿大的广告中涉及的玩具、设备和供孩子学习或者玩具用品的装饰或保护涂层含有任何含汞化合物等

具体标准方面,在大气领域,颁布了针对废物焚烧、金属冶炼、燃煤电厂、含汞灯管、氯碱、油漆等各个涉汞行业汞污染控制的相关规定。在废水领域,针对氯碱、矿山开采等颁布了相应的标准。在土壤污染防治方面,加拿大环保部颁布了《加拿大土壤质量导则》。如表 2-17 所示。

表 2-17　加拿大涉汞行业汞排放的相关标准

领域	法规名称	总体目标
焚烧、冶炼	加拿大汞排放系列标准	针对废物焚烧和贱金属冶炼业的现有源和新源提出了汞排放限值要求,废物焚烧行业包括危险废物、污水处理厂污泥、生活垃圾和医疗废物等。针对贱金属冶炼提出了排污系数要求
燃煤电厂	燃煤电厂汞排放标准	提出了对于 2006 年运行的燃煤设施,到 2010 年通过实施汞排放限制政策实现各州汞污染物排放达到相当于 2002~2004 年基数 60% 的汞减排目标;针对新设施要求采用最佳可行控制技术,实现汞减排技术经济可行
含汞灯	含汞灯汞排放标准	提出了减少含汞灯管向环境中排放汞的目标,即以 1990 年为基线,含汞灯的汞平均含量 2005 年减少 70%,2010 年减少 80%
汞合金牙	废弃汞合金牙汞排放标准	通过采用最佳管理实践(BEP),实现全国废弃汞合金牙汞排放以 2000 年为基线,到 2005 年减少 95%
氯碱	氯碱厂废水排放标准	要求所有氯碱厂,以在任何一天的汞液体排放量 2.5g/t 的氯气生产量乘以参照生产速度(RPR)为限制。该 RPR 定义为每个有问题的设施
金属矿	金属矿废水排放标准	提出了针对碱金属、铀、铁等金属矿企业废液中有害物质的排放限值(砷、铜、铅、镍、锌、总悬浮物、镭 226 和 pH 值)
油漆涂料	表面涂层材料标准	提出了消费用涂料或表面涂层材料总汞标准限值为 10mg/kg
海上废物排放	海上处理标准	规定了在海上处理危险废物需申请欧共体颁发的许可证,提出了现场监测和评估制度要求;还规定了海上处理的汞的最低限值为 0.75mg/kg(以 Hg 计)。禁止汞等纯化学品排放入海
土壤质量	加拿大土壤质量导则	规定了土壤环境质量标准限值

领域	法规名称	总体目标
空气质量	加拿大气环境质量导则	规定了大气、水体和陆地生态系统的环境控制质量目标

加拿大也针对钢铁冶炼、贱金属冶炼、水泥窑焚烧和矿山开采等制定了相应的操作规程。如表 2-18 所示。

表 2-18　加拿大涉汞排放工艺的相关操作规程

领域	法规名称	总体目标
钢铁冶炼	钢铁联合企业环保操作规程	提出了钢铁生产过程中废气、废水和废渣排放的环境保护安全措施及操作规程等
	钢铁非联合企业环保操作规程	
贱金属冶炼	贱金属冶炼厂环保操作规程	针对现有源和新源的汞污染物排放,提出了金属冶炼过程中废气、废水和废渣排放的环境保护安全措施及操作规程等
水泥窑焚烧	以危险废物和非危险废物为辅助燃料的水泥窑国家准则	提出了采用废物作为辅助燃料的水泥窑协同生产的性能和操作标准要求。内容涉及废物的选择标准、废物处理和储存、排放限值、监测/检测要求、固体残余物管理和报告要求等
矿山开采	金属矿山环保操作规程	提出了从开采到闭矿的全生命周期环境管理实践要求,具体内容包括:环境管理手段的开发和实施,废水和矿渣的管理,以及防治污染物向空气、水和土壤排放的具体措施

此外,加拿大各省关于废水、饮用水和工业排放的法令、法规和指导方针也对联邦法规作了补充。

在管理机构方面,加拿大政府确立了一个涉及加拿大卫生部、加拿大印度和北方事务委员会（INAC）、加拿大食品检验局（CFIA）、加拿大渔业与海洋局和加拿大环境部的程序来执行法令、法规和部门要求,以保护加拿大人的健康和环境。加拿大卫生部还特别确定了人的汞摄入量标准,确保其不会对健康造成不利影响。加拿大环境部的要求包括保护和提高包括水、空气和土壤在内的自然环境的质量。INAC 确保让北方地区认识到食用汞含量可能较高的传统食品对健康的危害;CFIA 负责处理在加拿大市场销售鱼类产品前的商业检验;渔业和海洋局负责内陆渔业;省政府有责任开展包括对各类湖泊和河流中的鱼类进行抽样检验,分析抽检鱼类的污染物在内的监测和检验项目,如果有必要,还需要公布鱼类消费报告。

2.5.2.4　日本汞污染防控管理概况

在法律法规体系方面,以 1956 年发生的水俣病事件为起始,其他工业排水造成的污染事件也不断发生,日本列岛一度成为"公害列岛"。因汞等环境污染而带来的环境公害事件逐步拉开了日本重视环境问题的序幕。1958 年,日本制定了

《公用水域水质保护法》和《工业排水控制法》，标志着日本开始了制定环保法规的历程。而后又颁布了《公害对策基本法》《电力工业法》《大气污染控制法》《水质污染防治法》《废弃物处理及清除法》《公害纠纷处理法》《公害健康受害补偿法》《土壤污染对策法》和《环境影响评价法》等。

就污染控制标准体系而言，在水污染防治方面，从 1974 年开始，对公共地表水域以及地下水设立了水质中汞含量标准，对企事业单位设立了污水中汞排放标准；在土壤污染防治方面，制定了土壤中汞含量标准以及土壤溶出量标准；在大气方面，制定了环境质量标准，规定了健康风险的阈值；在固体废物管理方面，针对汞及其化合物，基于污染物排放及转移申报登记制度，日本强制实施总量控制，限制废物转移。日本相关环境标准如表 2-19 所示。

表 2-19　日本涉汞相关标准

对象	汞标准限值要求	制定依据
大气	降低环境中有害大气污染物质可能引发的健康威胁，建议值：汞（汞蒸气）年平均值 40ng/m³ 以下	大气污染防治法
公共用水域	环境标准：总汞 0.0005mg/L 以下；甲基汞不得检出（年平均值）	环境基本法
	排水标准：汞、烷基汞以及其他汞化合物 0.005mg/L 以下；甲基汞不得检出（年平均值）	水污染防治法
地下水	环境标准：总汞 0.0005mg/L 以下，甲基汞不得检出（年平均值）	环境基本法
	地下渗透规定：不能检测出渗漏	水污染防治法
	净化标准：汞、烷基汞以及其他汞化合物 0.0005mg/L 以下；甲基汞不得检出	水污染防治法
土壤	环境标准：0.0005mg/L 以下	环境基本法
	浸出标准：汞及其化合物 0.0005mg/L 以下，甲基汞不得检出 含量标准：汞及其化合物 15mg/kg 以下	土壤污染对策法

日本针对涉汞工艺和含汞产品的汞控制管理开展了大量的工作。典型的涉汞工艺及产品包括氢氧化钠、氯以及氯乙烯单体生产等，目前这些工艺已经基本采用无汞方法进行生产。针对化妆品和农药等制品，因含有汞而对人体健康存在较高的风险，日本通过禁止在这些产品中用汞或规定最高汞含量限值的方法实施污染控制。相关规定如表 2-20 所示。

表 2-20　日本涉汞产品中汞的使用规定

产品种类	规定内容及来源
化妆品	禁止汞及其化合物的使用（药事法）
农业化合物	禁止销售及使用汞及其化合物作为消除病虫害药剂的有效成分（肥料控制法）

产品种类	规定内容及来源
污泥肥料	污泥肥料中有害成分最大含量标准(下水道污泥、人粪尿、工业污泥等) 汞及其化合物:检测液体中 0.005mg/L 以下 烷基汞:检测液体中不得检出(肥料控制法)
污泥产品回收利用	污泥产品回收标准 总汞:检测液体中 0.005mg/L 以下 烷基汞:检测液体中不得检出(污泥回收利用审批申请材料要求及回收利用标准)
家庭用品	以下家庭用品不得检出有机汞化合物 一般家庭用品:家用黏合剂、家用涂料、家用蜡、鞋油 纤维制品:尿布及其包装、围嘴、内衣(衬衫、内裤、衬裤等)、手套、袜子、卫生棉、卫生内裤(家庭日用品有害物质控制法)
医药品	口服药情况:不允许使用含汞化合物 外用药的情况:除红药水外,不得以含汞化合物作为有效成分。仅在没有替代药剂以及采取安全措施的前提下方可使用(药事法)

日本推行《绿色采购法》促进公共部门在物资及服务采购过程中减少环境负荷。并基于现有法律法规,建立相应标准,促进无汞产品的开发、普及,减少含汞产品中汞的使用量。日本绿色采购政策如表 2-21 所示。

表 2-21　日本推进绿色采购的主要政策

产品的种类	产品中汞含量限值
墨粉盒	感光体不能以汞作为指示组分
电脑、显示器	汞含量不得超过日本工业标准(JIS)规定的限值要求
荧光灯(40W 直管形灯)	产品中注入汞含量应在平均 10mg 以下
球形荧光灯	产品中注入汞含量应在平均 5mg 以下

另外,日本也在积极推进氢氧化钠和氯生产工艺向无汞化转变,并减少电池中汞的含量。

在废物的无害化处置管理方面,汞存在于化石燃料焚烧、金属冶炼以及废物焚烧处置设施产生的粉尘和污泥等介质中。为了确保实现上述废物的安全处置,日本建立了相应的标准限值,在汞等有毒有害物质含量超过一定的限值后,应进行特殊管理并按照危险废物进行管理和处置。对于实施该类废物处置的填埋场,要通过混凝土或隔离墙与公共水域和地下水隔断,以确保水体不受污染。需特殊管理工业废物的判定标准如表 2-22 所示。

表 2-22　需特殊管理工业废物的判定标准

废物特性	汞的浓度
灰、粉尘、矿渣、污泥(废酸和废碱除外)	烷基汞:不得检出 汞:0.005mg/L(溶出试验)

废物特性	汞的浓度
废酸、废碱以及废酸、废碱的处理物（废酸或废碱），灰烬、粉尘、矿渣、污泥的处理物（废酸或废碱）	汞：0.05mg/L（废酸或废碱中汞浓度）

几十年来，随着科技的进步以及管理能力的提升，上述法律法规及标准也在不断修订和完善，但从总体上构成了汞污染防治的管理依据，为全方位推进汞减排提供法律依据。也正是基于上述法律法规及标准，日本针对各行业从技术升级和产业结构调整等角度全面推进了汞减排。

2.5.2.5 其他国家汞污染防控管理概况

韩国的基本环境政策法案、大气质量保护法案、水质量保护法案、饮用水管理法案、地下水法案、废物管理法案、食物法案、工业安全与健康法案等都涉及汞的控制和管理。设立协同管理机构、强调全过程管理环境保护行政主管部门总体负责、多部门参与并分工负责。

澳大利亚国家污染物清单基于预测技术和排放到环境中的化学品的类型和总量来推测污染物清单，它提供给社区、行业和地方政府获得具有一致性和可靠性的相关信息的一种途径。

参 考 文 献

[1] UNEP. 2018 年度全球汞评估报告（Global Mercury Assessment 2018）.
[2] 党民团，刘娟. 中国汞污染的现状及防治对策[J]. 应用化工，2005，34(7)：394-396.

第2篇

汞的有意使用行业

本篇重点介绍了原生汞生产、电石法聚氯乙烯行业、主要添汞产品生产（含汞医疗器械、含汞电光源、含汞电池、含汞试剂、电光源用固汞生产、齿科用银汞合金生产）等汞的有意使用行业现状、典型生产工艺、汞污染控制技术，旨在为汞的有意使用行业开展汞污染防治提供技术支撑。

第3章

原生汞生产行业汞污染控制技术

3.1 汞矿采冶行业概况

3.1.1 原生汞生产行业概况

汞矿采选冶炼是全世界汞最主要的生产途径，迄今约有 68.9×10^4 t 金属汞从不同国家和地区的汞矿山产出。目前主要的汞矿位于吉尔吉斯斯坦的 Khaydarkan（550t）和中国（200～650t 并仍在增加）。过去，西班牙的 Almadén 矿可出产约240t 汞，阿尔及利亚也可出产相同数量的汞。但 Almadén 矿从 2004 年起关闭，阿尔及利亚的汞矿则在 2003 年就已关闭。毫无疑问，汞矿的采选仍是潜在汞排放和给环境、人体健康造成负面影响的主要根源[1-4]。目前，随着人们对汞污染及其毒害认识的不断加深，各行业汞替代技术及无汞产品、无汞工艺的大量推广，使得全球对汞的需求量日趋减少，加之国际社会对含汞产品、汞贸易的严格限制，导致各国汞矿资源的大规模开发活动陆续停止。至 2004 年，我国大型汞矿山已经全部停产、闭坑。

我国汞矿资源较丰富，现已探明有储量的矿区数 98 处，查明资源储量62633.43t。就各省区来看，贵州储量最多，占全国汞储量的 48.4%。其中贵州铜仁市万山地区由于汞储量和产量极大，在过去有着我国"汞都"之称。据中国有色金属工业协会统计显示（如图 3-1 所示），中国汞年产量从 2000 年的 203t 增至2010 年的 1585t，2013 年则降至 1237t[4]，其中原生汞生产企业主要有陕西汞锑科技有限公司、铜仁金鑫公司、务川银昱矿产有限公司、贵州嘉宸矿业开发有限公司、湖南金山矿业有限公司等，总产量达 817t，占全国汞产量的 66.05％。

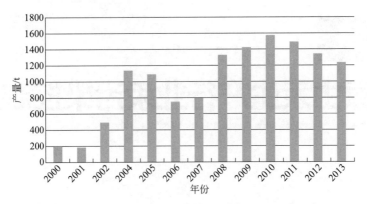

图 3-1　2000～2013 年我国汞产量趋势图[5]（数据来源：CNIA）

　　近年来我国汞业生产总的趋向呈现下降趋势，其原因，一是由于汞矿开采和选冶生产过程对环境污染严重，一切可溶性汞化合物及汞蒸气都是剧毒的，因而目前许多国家都采取严格利用措施来加强汞的循环使用，控制汞的流通，甚至取缔或限制使用从而导致汞需求量大幅度下降；二是我国大多数汞矿山是 20 世纪 50～60 年代建成投产的，现已进入开采晚期，有一些矿山已闭坑或因产品难以销售而停产，在 2002 年，我国最大的汞矿——贵州汞矿（铜仁万山汞矿区）已经政策性破产。

　　根据对国内汞产品生产的调查，目前，精炼汞的生产途径主要有三个：一是贵州、陕西两省个别尚未闭矿的汞矿继续开采提炼的汞；二是有色金属冶炼厂生产过程中回收伴生的副产品汞；三是从含汞废物中回收得到的再生汞。随着汞矿资源的枯竭，至 2011 年，可确认在生产的上规模汞矿只有贵州省万山特区的金鑫汞业有限公司和陕西旬阳的陕西汞锑科技有限公司旬阳分公司两家企业，金鑫汞业的汞矿山资源已接近枯竭，原矿开采标高已至地下 500m，年产汞金属量约 100t。旬阳分公司青铜沟特大型汞矿床采选规模 9×10^4 t 矿石，年产毛汞 300t，至 2016 年矿山服务期满。

3.1.2　原生汞生产现状

　　根据中国有色金属工业年鉴，从 2000～2013 年，12 年间国内汞产量的统计情况如表 3-1 和图 3-2 所示。

表 3-1　国内汞产量统计（2000～2013 年）　　　　　　　单位：t

年份	2000	2001	2002	2003	2004	2005	2006
产量	203	193	495	612	1140	1094	759

年份	2007	2008	2009	2010	2011	2012	2013
产量	798	1333	1425	1585	1493	1347	1616

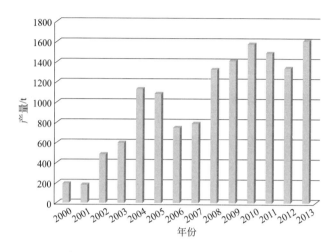

图 3-2　全国汞产量统计（2000～2013 年）

　　我国汞的消费，主要用于氯碱生产、化工催化剂、电器仪表、电池、化学试剂、电气、军工、医药等方面，其中，用量最大的为化工催化剂。据有关部门统计，我国每年消耗的汞产品中，近 90% 使用在电石法聚氯乙烯的生产上。就目前我国电石法聚氯乙烯的生产工艺和生产技术而言，氯化汞催化剂仍是生产工艺中不可缺少也没有替代产品的催化剂，没有汞，就没有现在的聚氯乙烯生产规模。按照近几年电石法聚氯乙烯使用催化剂的平均单耗 1t PVC 消耗 1kg 氯化汞催化剂计算，要达到电石法聚氯乙烯 2400×10^4t 的产能，每年需要约 2400t 金属汞用于加工氯化汞催化剂。随着原生汞矿资源的枯竭，从废氯化汞催化剂中回收汞已成为最主要的产汞途径。

3.2　典型生产工艺[6]

3.2.1　汞矿开采工艺

　　一般采用全面空场法、房柱空场法、留矿法、崩落法等采矿方法，整个开采过程在地下进行。由于入选的矿石汞品位有一定要求，因此采出的汞矿石会有部分达不到品位要求而废弃。在地下采矿过程中，通常会有矿坑水从矿井排出。

3.2.2　选矿工艺

目前我国原生汞企业在选矿阶段多采用浮选法或重-浮选联合法。

浮选法是回收细粒嵌布汞矿物和多金属共生矿石的有效方法。通常采用一段或两段磨矿、粗选与多次精选及扫选的浮选流程。当矿石含汞 0.1%～0.5%时，汞精矿品位一般为 10%～30%，回收率达到 90%～96%。

重-浮选联合流程在汞矿选矿中应用较为普遍，工艺流程如图 3-3 所示。重选用跳汰机或摇床得高品位汞精矿，重选尾矿经再磨矿后浮选得汞精矿。当矿石含汞 0.069%～0.695%时，重选可得含汞 83.66%～84.66%的汞金精矿，浮选可得含汞 12.5%～23.77%的汞精矿，总回收率可达 91.6%～96.22%。

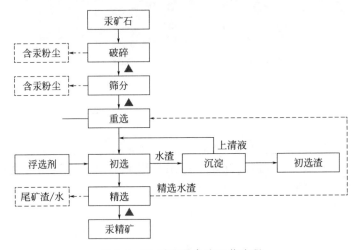

图 3-3　重-浮选联合法工艺流程

3.2.3　汞冶炼工艺

汞冶炼有火法和湿法两种工艺。火法炼汞包括矿石或精矿的焙烧或蒸馏，含汞烟气的除尘、冷凝，汞烟处理和粗汞提纯等工艺过程。湿法炼汞包括矿石（浸出液为硫化钠或次氯酸盐溶液）浸出、浸出液净化、电解或置换等工艺过程。湿法炼汞可减少空气污染，但由于经济性的原因很少采用。

3.2.3.1　火法炼汞

火法炼汞工艺流程如图 3-4 所示，主要包括以下工序。

（1）焙烧蒸馏　将汞精矿或原矿进行焙烧蒸馏，汞以气态形式蒸出，含汞烟气进入除尘工序，此工序会产生大量的炉渣，一般放入渣场堆存处理。

（2）**除尘**　将含汞烟气通入除尘器除尘，烟尘再次回到蒸馏塔焙烧以回收烟尘中的汞，经除尘的烟气进入冷凝工序。

（3）**冷凝**　除尘后的烟气进入冷凝器，冷凝的粗汞经提纯后成为精汞。

（4）**汞炱处理**　汞炱的处理一般分为机械处理和蒸馏回收两种。机械处理设备有打汞炱机和水力旋流器，蒸馏回收设备有马弗炉、蒸馏锅和回转蒸馏炉。火法工艺的核心是焙烧炉，其种类有回转窑、回转蒸馏炉、立式蒸馏炉、流态焙烧炉和真空蒸馏炉。

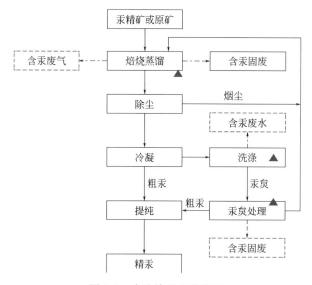

图 3-4　火法炼汞工艺流程

3.2.3.2　湿法炼汞

湿法炼汞工艺流程分为浸出、压滤、电解三个主要工序，其工艺流程如图 3-5 所示。

（1）**浸出**　在精汞矿浆中加入氢氧化钠和硫化钠配制成的混合碱水，在常温下机械搅拌 3h，过程中 Na_2S 与 HgS 反应生成可溶性硫化汞的复合物 $HgS \cdot Na_2S$，$NaOH$ 的主要作用为抑制 Na_2S 水解。浸出工序可提取精矿中全部汞量的 95% 以上。

（2）**压滤**　浸取完成后的固、液混合物送至压滤机压滤，得到的液体为电解液。压滤渣送浮选机重新利用。

（3）**电解**　将电解液送入电解槽内，在低压直流电（3V）、低温（20～40℃）的条件下进行电解。电解析出的汞在常温下呈液态，沉入电解槽底部，利用槽底开口定期放出汞产品，含有杂质的产品经简单过滤后，最终得到纯度为 99.99% 的精汞产品。

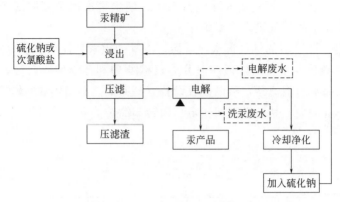

图 3-5 湿法炼汞工艺流程

3.3 汞污染控制技术

3.3.1 汞矿采选及汞冶炼大气污染的控制

目前，国内净化汞蒸气常用溶液吸收法、固体吸附法、气相反应法、冷却法及联合净化法、硫酸软锰矿净化法、漂白粉净化法、多硫化钠净化法及碘络合法等污染控制技术等[7]。

（1）溶液吸收法 吸收法多采用具有较高氧化还原电位的物质，如高锰酸钾（$KMnO_4$）、次氯酸钠溶液等，它们与汞蒸气作用时具有反应速率快、净化效率高、溶液浓度低、不易挥发、沉淀物少等特点。

（2）固体吸附法 利用某种化学物质处理过的活性炭作为汞吸收剂。国内在处理低浓度含汞废气和高浓度含汞废气的二级净化多用氯处理的活性炭，但在汞冶炼或其他高浓度或大气量含汞废气治理中考虑到经济成本的因素，也采用多硫化钠处理的焦炭作吸附剂。

（3）气相反应法 此方法是利用某种气体与含汞废气发生化学反应，达到消除废气中的汞。最常见的是碘络合法。

（4）冷却法 汞蒸发速度与温度成正比，可通过降低空气中的汞蒸气饱和度来减少空气中含汞废气的含量，具体分为常压冷凝法和加压冷凝法。

（5）联合净化法 高浓度含汞尾气，如汞冶炼、含汞废渣火法处理过程产生的尾气，往往要采用二级以上的净化过程才能达标排放，该法为联合法。常见的方法有：冷凝-吸收法、次氯酸钠吸收-活性炭吸附法、液体吸收-充氯活性炭吸附法等。

（6）硫酸软锰矿净化技术 硫酸软锰矿净化原理：

$$2Hg + MnO_2 \longrightarrow Hg_2MnO_2$$

$$Hg_2MnO_2+4H_2SO_4+MnO_2 =\!=\!= 2HgSO_4+2MnSO_4+4H_2O$$

$$HgSO_4+Hg =\!=\!= Hg_2SO_4$$

$$Hg_2SO_4+MnO_2+2H_2SO_4 =\!=\!= MnSO_4+2HgSO_4+2H_2O$$

硫酸软锰矿净化含汞废气的重要反应物质是硫酸汞，而被净化的最终产物也是硫酸汞，并且随过程的进行其浓度不断提高，因此此法的除汞效果较佳。

（7）漂白粉净化技术　漂白粉净化原理：

$$Ca(ClO)_2+CO_2 =\!=\!= CaCO_3+Cl_2+\frac{1}{2}O_2$$

$$Ca(ClO)_2+SO_2 =\!=\!= CaSO_4+Cl_2$$

$$Ca(ClO)_2+3Hg+H_2O =\!=\!= Hg_2Cl_2+Ca(OH)_2+HgO$$

$$2Hg_2Cl_2+3Ca(ClO)_2+2H_2O =\!=\!= 4HgCl_2+CaCl_2+2Ca(OH)_2+O_2$$

$$HgCl_2+Hg =\!=\!= Hg_2Cl_2$$

$$Cl_2+Hg =\!=\!= HgCl_2$$

冶炼过程产生的废气可采用硫酸软锰矿净化法、漂白粉净化法、多硫化钠净化法及碘络合法等污染控制技术。硫酸软锰矿净化法净化效率90％以上；漂白粉净化法净化效率95％以上；多硫化钠净化法净化效率在81.1％～91.9％；碘络合法净化效率在90％以上。各种净化技术各有其特点。

对于达不到脱汞要求的气体，应再采用酸洗脱汞等技术，实现达标排放。酸洗脱汞技术是深度处理技术，效果理想。

3.3.2　汞矿含汞废渣、废石的处理

矿区的主要固体废物为弃矿及废石堆、炉渣等，须进行合理的堆放，并在堆放场下部设经过防渗透处理的挡墙，为防其可燃物的自燃，定期向矸石堆喷洒石灰水溶液。为防止因刮风而扬起粉尘，应经常向堆放场洒水。

（1）废石场的复垦　由于被汞污染的土壤 pH 值较高，呈碱性，用足够的硫化物酸性尾矿加以中和，适宜种植一些多年生、耐久性强、生长速度快的草类或豆荚类植物；加强废石场的边坡稳定性，同时在边坡岩土上种植植被。

（2）尾渣池的复垦　尾渣池与废石场一样占用大量的土地。在平整后的尾渣堆场顶部铺一层表土，将中和药剂和肥料掺入表土层中。尾渣池的再种植就是利用植被覆盖尾渣池表面，防止尾渣尘暴污染空气和周围城镇、农田，减少渗透性酸性水污染水系。

（3）含汞废物资源化　针对汞矿区开采遗留下来的含汞废物，当地有关部门应对其进行综合治理，把含汞废物纳入资源管理范围，实现资源化。为充分利用资源和防止公害，把废石、尾渣等含汞废物作为二次资源，从中进一步回收有价元素，制取新形态物质，加速物质循环。

3.3.3 汞矿含汞废水的处理

含汞量高的废水和洗涤水因污染危害大，必须进行回收处理和深度处理。处理方法有铁屑或铝屑还原法、化学沉淀法[8]、离子交换法[9]和活性炭吸附法[10]等。投加化学沉淀剂 Na_2S，可使汞以 HgS 的形态沉淀析出，其他金属离子也形成金属硫化物沉淀。沉淀的污泥经脱水后可返回冶炼工艺。还原法可得金属汞，以上两种方法用于回收处理。而离子交换法和活性炭吸附法因运行费用昂贵，一般仅作深度处理。

（1）硫化物沉淀法 通过在酸中添加硫代硫酸钠可制得胶态硫，其与汞反应可形成 HgS 结晶，酸液中的其他金属污染物与其反应也可形成难溶性金属结晶。该方法在停留时间 1h 后，汞含量可从 15mg/kg 降为 0.5mg/kg。硫化氢可替代作为沉淀汞或其他金属的硫源，在最终产品中硫酸钠的控制效果比较好。

（2）化学凝聚法 向废水中投加石灰乳和凝聚剂，在 pH＝8～10 弱碱性条件下，汞的氢氧化物絮凝体共沉淀析出。化学凝聚法可广泛用于处理多种废水，并且具有废水污染物去除率高、设备简单、操作方便、投资省等优点，可广泛用于多种废水的处理。

（3）活性炭吸附法 活性炭吸附法已逐步成为工业废水二级或三级处理的主要方法之一。活性炭的比表面积和孔隙结构直接影响其吸附能力，在选择活性炭时，应根据废水的水质通过试验确定。活性炭法能有效地吸附废水中的汞，我国有些工厂已采用此法处理含汞废水，但该方法只适用于处理低浓度的含汞废水。废水含汞浓度高时，可先进行一级处理，降低废水中汞浓度后再用活性炭吸附。将含汞量 1～2mg/L 以下的废水通过活性炭滤塔，排出水含汞量可下降至 0.01～0.05mg/L，回收汞后活性炭可再生并重复利用。

（4）控制水蚀及渗透 地下水、老窿水、地表水及大气降雨渗入废石堆后流出的是严重污染的水。因此，堵截给水，降低废石堆的透水性，防止和减少渗透；高速水流流经废石堆时会发生水蚀现象，污染水体；平整、压实废石堆以导开地表水流，防止废石堆水蚀。

3.3.4 鼓励研发的技术

研发提高汞矿尾矿利用率的新技术；历史遗留的尾矿、废石及废渣无害化处置技术；尾矿库复垦修复、矿山生态恢复及汞污染土壤修复技术；环境介质中汞二次释放控制技术；汞的长久封存技术。

传统汞矿采冶过程会对矿区、厂区生态环境造成严重的污染。作为汞矿采冶活动的遗留产物，冶炼废渣不仅含有高含量的汞，而且含有大量的可溶性汞；矿山废水是汞迁移扩散的重要载体，水体汞以悬浮物为主要迁移方式；矿区大气汞污染受矿山活动影响显著,汞矿采选冶炼活动是大气汞的一个重要的释放源;汞矿区土壤和食物也会遭受严重的汞污染。

汞矿的场地污染成为世界各国关注的重要环境问题之一。国内外研发了一系列污染场地原位及异位的物理修复、化学修复、生物修复技术,包括固化/稳定化、化学淋洗、生物淋洗、电化学等土壤修复;抽出-处理、渗透反应墙、原位淋洗、纳米(零价铁)等含水层修复技术。其中土壤淋洗技术、固化/稳定化技术、生物淋洗和电动修复等技术由于其经济高效等优点,被认为是较为有应用潜力的修复技术,但上述物理或者化学修复技术由于其成本高,所需设备复杂,容易造成二次污染,对土壤理化性质扰动大等特点,而且其修复大面积汞污染土壤十分困难。污染场地土壤及含水层修复朝着节能减排、资源利用、保护现在环境和未来土地利用为一体的综合优化社会-经济-环境因素的绿色、可持续修复方向发展。

汞有多种赋存形态,环境介质中赋存形态决定其迁移性、生物可利用性以及毒性。目前表征与测定重金属在环境中存在的各种特征物理形态和化学形态分析成为研究的重点,但汞在环境介质中二次释放研究较少。进入环境中的汞易与环境介质组分发生吸附、络合、沉淀等反应,形成稳定性不同的形态,不同的形态在环境介质中的活性不同,二次释放规律不同。因此应加强环境介质中汞二次释放及其控制技术研究。

参 考 文 献

[1] Zhang H,Feng X B,Larssen T,et al. Bioaccumulation of Methylmercury versus Inorganic Mercury in Rice (*Oryza sativa* L.)Grain[J]. Environmental Science & Technology,2010,44:4499-4504.

[2] Li Y F,Chen C Y,Xing L,et al. Concentrations and XAFS speciation in situ of mercury in hair from populations in Wanshan mercury mine area,Guizhou Province[J]. Nucl Tech,2004,27(12):899-903.

[3] Li P,Feng X,Qiu G,et al. Mercury exposure in the population from Wuchuan mercury mining area,Guizhou,China[J]. Science of the Total Environment,2008,395:72-79.

[4] Wang X Y,Li Y F,Li B,et al. Multielemental content in foodstuffs from Wanshan(China)mercury mining area and the potential health risk[J]. Appl Geochem,2011,26(2):182-187.

[5] 任卫峰,张芳,郭春桥. 中国汞污染防治政策分析和展望[J]. 世界有色金属,2015,6:10-13.

[6] 全国汞污染排放源现状调查技术指南. http://wenku.baidu.com/link? url=d57ZX82Nr_41QGfocAdorTE_LHpHRJKkTJsU54j8W40nX1K89fCSVEmaW9MEM8iYTAbiQtefN0rnf25aCcvV3Dk8Df5ZglMuq6LEB8MeTz3.

[7] 金晓丹,王敦球,主义年,等. 大气汞污染及其防治技术的研究进展[J]. 广西轻工业,2008,24(9):109-111.

[8] 赵天从,汪键. 有色金属提取冶金手册:锡锑汞[M]. 北京:冶金工业出版社,1999:391-397.

[9] 田建民. 生物吸附法在重金属废水处理中的应用[J]. 太原理工大学学报,2000,31(1):74-78.

[10] 尚谦,张长水. 含汞废水的污染特征及处理[J]. 有色金属加工,1997,5:52-64.

第4章

电石法聚氯乙烯行业汞污染控制技术

4.1 电石法聚氯乙烯生产行业概况

聚氯乙烯，英文简称PVC，是合成树脂中五大通用树脂之一，广泛应用于建材、包装、医药等诸多行业，对我国国民经济发展、人民生活需求改善和氯碱行业的稳定发展具有非常重要的意义。据统计，2016年，我国聚氯乙烯生产企业75家，其中电石法企业60家，产能$1873 \times 10^4 \, t$，占全国的80.5%，产量1400多万吨，约占全国的84%。至2017年年底，国内电石法产能在$1938.5 \times 10^4 \, t$，占全国总产能的80.6%，乙烯法产能在$361 \times 10^4 \, t$，在全国产能中占15.0%[1]。

2000～2017年聚氯乙烯行业产能情况如图4-1所示。

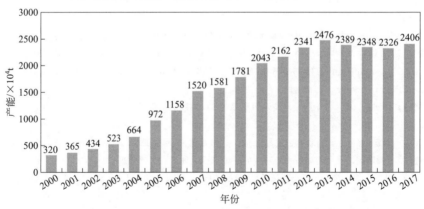

图 4-1　2000～2017 年聚氯乙烯行业产能情况

聚氯乙烯生产主要有两类生产工艺路线，一类是以石油为主要原料的乙烯法工艺，另一类是以煤为主要原料的乙炔法工艺（又称"电石法"）。目前国外多采用的工艺是乙烯法，而我国受"富煤贫油少气"能源结构的影响，主要以电石法工艺为主（如图 4-2 所示），该工艺使用汞催化剂作为催化剂，加速氯乙烯单体的合成。汞催化剂在使用过程中由于升华、中毒等原因，流失进入"三废"之中，对周边环境造成潜在风险。中国的电石法 PVC 行业还未广泛使用低汞催化剂替代和辅助技术，无汞催化剂尚未应用，因此在生产过程中产生了大量的废汞催化剂、含汞活性炭、含汞盐酸和含汞碱液，产生了严重的环境风险。

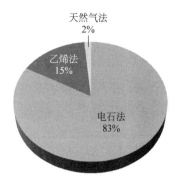

图 4-2 2017 年中国 PVC 不同工艺产能所占比例

氯化汞催化剂是电石法 PVC 生产过程中最重要的催化剂，其种类按氯化汞含量不同可分为低汞催化剂（6％左右）、中汞催化剂（7％～9％）、高汞催化剂（10.5％～12％）三类。实际生产中，即使是同类汞催化剂，氯化汞含量也会有所不同，分类时，可将氯化汞含量为 4.0％～6.5％（含 65％）以下的视为低汞催化剂[2]，6.5％～9.5％（含 9.5％）的视为中汞催化剂，9.5％以上的视为高汞催化剂。

低汞催化剂氯化汞的质量分数仅为高汞催化剂的一半左右[3]，低汞催化剂替代高汞催化剂可有效控制行业用汞量的增长。调研显示，"十二五"期间我国低汞催化剂使用比例逐步提高，2010 年全国电石法 PVC 生产低汞催化剂使用率约 9.7％，2012 年提高到 27.2％[4]。

目前，我国每吨电石法 PVC 消耗氯化汞催化剂平均约 1.2kg（以氯化汞的平均含量 6.5％计），每年行业的汞消耗量在 800t 以上，占全国年用汞总量的 60％以上，是我国同时也是全球最大的用汞行业。电石法生产 PVC 过程中的汞流向示意如图 4-3 所示。

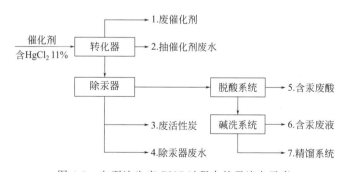

图 4-3 电石法生产 PVC 过程中的汞流向示意

近十年来，我国政府对汞问题高度重视，为大幅削减汞用量和排放量，出台了相关的产业政策，明确规定了时间进度要求，采取了多种措施，加大了对电石法聚氯乙烯行业的汞污染管控，工信部、发改委和环保部相继发文，从行业准入、高汞催化剂淘汰、清洁生产技术等方面加大了管控力度：工信部 2010 年发布"关于印发电石法聚氯乙烯行业汞污染综合防治方案的通知"（工信部节〔2010〕261 号），要求到 2015 年，全行业全部使用低汞催化剂；发改委在其 2013 年修订的《产业结构调整指导目录》中，将高汞催化剂列为"淘汰类"，并将"乙炔法聚氯乙烯"列为限制类；环保部 2011 年发布"关于加强电石法生产聚氯乙烯及相关行业汞污染防治工作的通知"（环发〔2011〕4 号），要求地方环保部门加强行业监管和强化清洁生产审核的评估工作，并将企业相关信息纳入上市和融资核查；2016 年开展了电石法聚氯乙烯生产行业高汞催化剂淘汰情况检查，核实高汞催化剂淘汰以及低汞催化剂使用情况。此外，中国石油和化学工业联合会与中国氯碱工业协会自 2010 年就成立汞污染防治领导小组和专家组，围绕"减量化和无汞化"目标，在低汞催化剂替代高汞催化剂和组织无汞催化剂研发上开展了大量卓有成效的工作。

从地方环保部门公布的信息来看，行业目前已淘汰高汞催化剂（氯化汞含量大于 10%），全部使用低汞催化剂（氯化汞含量小于 6.5%），但普遍存在低汞催化剂使用效率低、废汞催化剂回收再利用率低、行业汞污染监管体系不健全、无汞研发应用的能力亟待加强等问题，距离公约履约还有一定的差距。

4.2　典型生产工艺

我国电石法 PVC 生产工艺通常分为电石生产、氯乙烯单体（VCM）合成和 VCM 聚合三个部分（如图 4-4 所示）。

4.2.1　电石生产

电石生产工序主要由电石发生、清净配制、渣浆输送、回收清液、电石气柜（包括氯乙烯气柜）组成。反应原理是采用湿式发生法将电石在装有水的发生器内进行分解反应生成电石气，再经喷淋冷却、干燥、中和得到合格的电石气，供合成氯乙烯。电石生产部分不涉及汞的使用和排放。

4.2.2　氯乙烯单体（VCM）合成

氯乙烯合成及精馏工序主要由氯乙烯合成、压缩及精馏、尾气吸收、热水泵房以及污水处理组成。反应原理是电石和氯化氢经混合冷冻脱水，再经以活性炭为载体、氯化汞为催化剂的列管转化器进行反应生成氯乙烯，最后经压缩、精馏获得高纯度氯乙烯，供聚合、干燥工序生产 PVC 树脂。

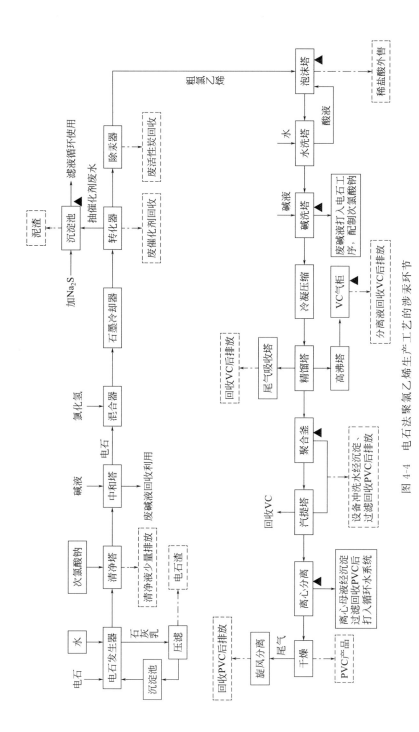

图 4-4　电石法聚氯乙烯生产工艺的涉汞环节

氯化氢气体和湿电石气经电石阻火器按一定的比例进入混合器中进行混合，混合后进入石墨冷却器冷却，再经去除酸雾和预热，达到指定温度的干燥混合气进入装有氯化汞催化剂的转化器中，在转化器中通过至少两级转化，在 $HgCl_2$ 催化剂作用下反应生成氯乙烯，废汞催化剂和抽汞催化剂废水在此工序产生。粗氯乙烯在高温下带出的 $HgCl_2$ 升华物在填装活性炭的除汞器中除去，然后进入净化系统，此过程会产生大量的含汞废活性炭。

除汞后粗氯乙烯依次进入泡沫脱酸塔、水洗塔，将过量的氯化氢气体用水吸收成为废盐酸。经酸洗、水洗后的氯乙烯气体再经碱洗塔除去残余的微量氯化氢，此过程会产生含汞废碱。企业一般将废碱用于中和一部分废盐酸，但废盐酸一般过量有剩余。

经碱洗的氯乙烯送至精馏塔，经精馏后的氯乙烯气体进入下一聚合工序。精馏的液体又经气柜回收二氯乙烷，分离液经过回收二氯乙烷后排放，分离液中会含有少量的汞。精馏塔产生的气体再经过尾气吸收塔回收二氯乙烷后排放，排放的废气中也会含有少量的汞。

汞的使用主要集中在氯乙烯单体合成工序，有些企业有多套氯乙烯单体合成装置，该部分产生的含汞"三废"最多。如图4-5所示，3.5%～14.9%进入了废水、废酸、废碱等液体中，只有0.5%左右的汞由于升华进入了大气中，表4-1中列出了乙炔法聚氯乙烯生产过程中主要汞污染问题与处理途径[5]。

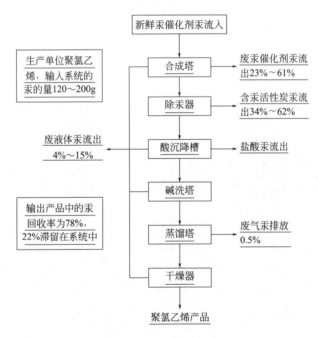

图 4-5 聚氯乙烯生产行业汞的输出分布[5]

表 4-1　乙炔法聚氯乙烯生产过程中主要汞污染问题与处理途径

排放途径	产生工艺	形态	处理处置	备注
废催化剂	合成	固态	桶装交于具有处置危险废物资质的企业处理	
废活性炭	净化			
抽催化剂废水	合成	液态	锯末过滤吸附除汞,处理后废水返到水力喷射真空泵水池循环使用,含汞锯末为危险废物	废催化剂与废活性炭处理
除尘器废水	净化			
含汞废酸	净化水洗	液态	制酸,含汞盐酸销售;常规脱析、深度脱析,含汞较多时过滤废酸;部分酸性废水中和过滤处理。滤后含汞泥渣作为危险废物处理	含汞泥渣
含汞废碱	碱洗		与废酸中和回用	含汞泥(滤)渣
其他含汞污水	合成工序以后各类冲洗水等		中和沉淀过滤处理,含汞泥(滤)渣作为危险废物处理	
尾气排放	合成、除汞器净化、蒸馏等工序	气体	—	
产品	几乎极少发现产品有汞检出			[6]

4.3　汞污染控制技术

4.3.1　推广技术类

（1）低汞催化剂[7]　低汞催化剂生产所用的原料：优质活性炭、氯化汞、助剂（促进剂、抗毒剂、抗结焦剂、热稳定剂）等。制作工艺：采用最先进的多次吸附氯化汞及多元络合助剂的技术，使活性炭孔内的氯化汞附着稳定、均匀、不易被覆盖，保证了高活性、高稳定性。规格：氯化汞质量分数 $5\%\sim6.5\%$，表观密度 $550g/L$。使用寿命：正常负荷下使用寿命可达 8000h 以上，生产负荷低的情况下使用寿命更长。同等工艺条件下要比普通高汞催化剂多 10% 以上的使用寿命，汞的消耗量和排放量均大幅度下降，汞的使用量完全能够达到电石法 PVC 企业汞的使用量下降 50% 的目标。低汞催化剂中汞的含量比使用高汞催化剂下降 50% 左右，流失量下降 90% 以上[8]，全部使用低汞催化剂，则氯化汞的使用量可以减少 652t，氯化汞的流失量可以降低 586t。流失率的极大降低，提高了汞的循环利用率，减少了因汞流失而带来的污染。南开大学[9]发明的以 $HgCl_2$（$3\%\sim6\%$）、$BaCl_2$ 和 FeCoP 复合组分为活性中心的高活性的低汞复合催化剂。助剂 FeCoP 起类贵金属作用，且专利中具有良好的选择性与活性，但稳定性并未提及。河北科创助剂有限公司，在专利申报方面，其主要有低汞、超低汞催化剂的配方及制备工艺。2002年通过了汞离子交换沸石或分子筛载体内钠离子制成的催化剂，催化剂活性并不理想；2006年[10]公开了$HgCl_2$含量4%～6.5%，复配$ZnCl_2$等助剂。其专利产品经过近十年的推广应用，已逐步被市场接受与认可；且颠覆了高汞无法替代的结论；2013年申请专利[11]公布了超低汞催化剂，以木质炭为载体，复配协同促进剂（Zn、Ba、K、Bi的氯化物），分步多次浸渍而制得，但无进一步工业化验证放大实验数据。新疆天业集团新疆兵团现代绿色氯碱化工工程研究中心以固汞催化剂为核心的汞减排成套技术于2011年成功实现工业化，2012年年初，新疆天业（集团）百吨级电石法聚氯乙烯生产装置全部实现低汞化，且固汞催化剂的平均使用寿命超过了10000h[12]。2008年低汞催化剂的使用总量占行业内汞催化剂使用总量的12%，截至2015年年底，全国低汞催化剂实际使用率达到30%左右[13]。

（2）**盐酸脱吸技术**[7]　　盐酸脱吸技术是在酸洗过程中利用氯化氢在水中的溶解度随温度的升高而降低的原理，将氯化氢气体解析出来，氯化氢气体或返回到单体合成工段继续使用或制成盐酸出售，对脱吸后的含汞废水进行处理，其中的汞转移到泥渣、锯末等固体废物中。若不采用盐酸脱吸技术，汞将随废酸转移到下游化工企业，下游企业一般不再进行汞回收处理而直接用于化工生产。目前行业内有20%的电石法聚氯乙烯产能应用此技术。

（3）**硫氢化钠处理氯化汞技术**[7]　　利用硫化汞的离子积小的优点处理电石乙炔法氯乙烯合成中废酸、废水中的Hg^{2+}是最有效的手段。随着氯化汞在系统中的积累，在盐酸脱吸后会有少量的高浓度含汞废盐酸排出，与后步碱洗过程产生的废碱液中和后用硫氢化钠处理，产生的硫化汞进行安全填埋。同时也可以采用硫氢化钠直接处理碱洗过程产生的废碱液，使废碱液达到排放标准。

（4）**汞催化剂翻倒废水及废气处理装置**[7]　　转化器内的催化剂在使用一段时间之后活性下降需翻倒、更换。翻倒、更换催化剂的方法为：利用水力喷射真空泵在催化剂储罐与转化器之间形成的压差抽换催化剂，使转化器列管内的催化剂进入储罐，目前，抽换过程中产生的废水、废气基本处于自然排放状态。针对此过程产生的含汞废气、含汞废水，通过添加必要的工艺设备，进行回收治理。

① 抽换过程中产生的含汞废气经旋风分离器两级分离，分离气体带出的催化剂颗粒和小尘粒，再进布袋除尘器，进一步分离空气中的催化剂粉尘。催化剂颗粒卸入废催化剂桶中。从布袋除尘器排出的气体由水洗涤塔洗涤，残留的含汞催化剂及粉尘进入水中形成含汞废水，从布袋除尘器排出的气体经洗涤后，排放到大气。

② 抽换催化剂产生的含汞废水用锯末（或活性炭）过滤器处理，利用过滤器除去废水中的含汞物质，处理后的废水返回真空泵水槽循环利用，不外排，产生的含汞废物随废汞催化剂送到有回收资质的企业处理。

（5）**氯乙烯合成转化工段**　　应配备独立的含汞废水收集和处理设施，鼓励高浓度含汞废水采用高效除汞剂和硫化钠净化法等处理技术；鼓励低浓度含汞废水采用吸附法进行深度处理；鼓励氯离子浓度较高的含汞废水采用离子交换法处理技术[14]。

① 硫氢化钠净化法：利用硫化汞的离子积小的优点处理电石乙炔法氯乙烯合成中废酸、废水中的 Hg^{2+} 是较有效的手段。随着氯化汞在系统中的积累，在盐酸脱吸后会有少量的高浓度含汞废盐酸排出，与后步碱洗过程产生的废碱液中和后用硫氢化钠处理，产生的硫化汞进行安全填埋。同时也可以采用硫氢化钠直接处理碱洗过程产生的废碱液，使废碱液达到排放标准。

② 吸附法：活性炭法能有效地吸附废水中的汞，我国有些工厂已采用此法处理含汞废水，但该方法只适用于处理低浓度的含汞废水。废水含汞浓度高时，可先进行一级处理，降低废水中汞浓度后再用活性炭吸附。将含汞量 $1\sim2mg/L$ 以下的废水通过活性炭滤塔，排出水含汞量可下降至 $0.01\sim0.05mg/L$。回收汞后活性炭可再生并重复利用。

③ 离子交换法：大孔巯基离子交换剂对含汞废水处理有很好的效果。树脂上的巯基对汞离子有很强的吸附能力，吸附在树脂上的汞，可用浓盐酸洗脱，定量回收。含汞废水经过处理后排出水含汞量可降至 $0.05mg/L$ 以下。昊华宇航化工有限责任公司采用离子交换法去除废酸中的汞，脱汞后的酸进行外销[15]。此外，采用选择吸附汞的螯合树脂处理含汞废水也正在推广应用，并取得了一定效果。在大部分无机汞的离子交换处理技术中，首先需加入氯气或次氯酸盐或氯化物，以形成带负电荷的汞氯络合物，然后用阴离子交换树脂脱除。离子交换法主要用于处理背景氯化物含量较高的工业废水。一些处理数据表明，先经初步处理再用离子交换法进行二级处理所得到的离子交换效果最佳。用离子交换纤维净化含汞废水的优点是：a. 处理水质高、处理后可使汞含量达 $0.005mg/L$ 以下；b. 设备简单，离子交换纤维比表面积很大，可达 $40m^2/g$，吸收汞的速度快，一般 20min 就可平衡，缩小了设备体积；c. 没有二次污染，离子交换纤维吸汞饱和后，可以用酸液再生，再生液浓度比原来废水要高 100 倍以上，便于集中处理和利用，纤维老化后，可以烧掉纤维，回收汞盐。

（6）转化器列管内部加装芯管技术[16]　转化器的换热列管采用带有环形槽的槽纹管，在列管内设有中心芯管，可改善反应热的径向分布状况，降低管中心部位的温度，提高传热和传质效率，减少催化剂反应中心至管壁的距离，使反应带加宽，避免低汞催化剂热点过高引起的汞升华流失，提高转化器产能，其单台生产能力可以提高 $10\%\sim20\%$，$1\times10^4t/a$ PVC 可以节省催化剂 1.2t 以上。新型工业转化器结构简图如图 4-6 所示。

4.3.2　应用示范类

（1）控氧干馏法回收废催化剂 $HgCl_2$ 及活性炭的新工艺[17]　控氧干馏法包括控氧干馏、吸收系统、分离系统、活性炭扩张再生系统和水溶液浸泡法回收金属盐

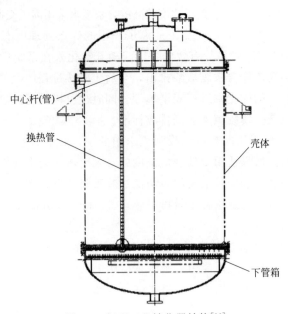

中心杆(管)

换热管

壳体

下管箱

图 4-6 新型工业转化器结构[16]

5 个主要单元[17]。该工艺利用 $HgCl_2$ 高温升华，且活性炭焦化温度比 $HgCl_2$ 升华温度高的原理，采用惰性气体保护避免活性炭的氧化，在负压密闭环境下实现了 $HgCl_2$ 和活性炭的同时回收（如图 4-7 所示）。与现有回收工艺相比，新工艺回收了氯化汞和活性炭，不仅实现资源的综合利用，还有效避免了回收过程中汞的流失，使氯化汞的回收率由 75％左右提高到 99.8％。该技术已通过技术鉴定，可应用示范。石家庄科创助剂有限公司已采用控氧干馏法处理废的含汞催化剂。

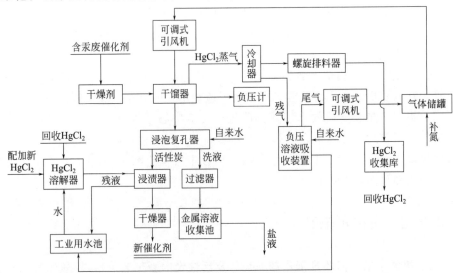

图 4-7 采用控氧干馏法回收氯化汞催化剂中氯化汞及再生汞催化剂新工艺流程

（2）高效汞回收技术[7]　　高效汞回收技术是指可以将升华到氯乙烯中的氯化汞高效回收的设备与技术（包括冷却器、特殊结构的汞吸附器以及新型汞吸附剂）。在氯乙烯的生产过程中由于反应温度较高使氯化汞升华而随氯乙烯气体流失到下道工序，通过采用高效吸附技术可回收这部分氯化汞，从而进一步减少了氯化汞的流失，也大大降低了产生的环境污染风险。该技术已研发成功，具备试点应用条件。新疆天业有限公司自行研发的新型高效脱汞器在工业装置上进行了试用，效果十分明显，大大降低了床层阻力（为普通脱汞器床层阻力的50%），吸附效果平均达到80%左右。合成气经过新型高效脱汞器后，组合塔下酸汞浓度与普通脱汞器相比下降60%左右。如图4-8所示，新型脱汞器的直径为3.2m，活性炭填装量可以达到28t，气速为传统的20%，停留时间长，并且由于进气后采用旋流分离装置，使得酸雾和粉末与气体分离，避免进入吸附剂造成阻力增高；同时，由于径向结构的设置，使得阻力比传统脱汞器的阻力要低。根据设计，高效脱汞器吸附系统由2个脱汞器组成，工艺上可实现并联、串联操作流程。该工艺流程在脱汞塔运行后期采用接近饱和的脱汞剂与新鲜脱汞剂的串联操作，最大限度地提高了每塔的工作汞容，延长了脱汞剂的使用寿命，比并联流程节省20%～30%的吸附剂，降低了运行成本，并实现了不停车更换吸附剂[18]。

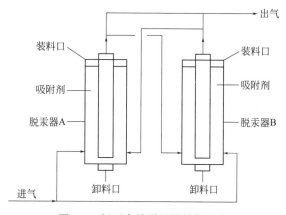

图 4-8　新型高效脱汞器结构示意

4.3.3　研发技术类

（1）分子筛固汞催化剂[7]　　分子筛固汞催化剂是以分子筛代替活性炭为载体，利用分子筛的多孔结构及离子交换性能，使氯化汞取代分子筛中的钠离子，从而进入分子筛的骨架内。此项技术已通过小试。南开大学[19]公开了用氯化锰处理煤质炭载体，后将较低含量的 $HgCl_2$ 与助剂真空浸渍于载体上，用旋转蒸发仪干燥得催化剂；还公开了以 13X、MCM-41 分子筛为载体，将 $HgCl_2$ 负载十分子筛孔道及骨架上,与载体牢固结合。分子筛固汞催化剂使用过程中氯化汞不随温度的升高而升华,其活性高、寿命长。但现有的反应器传热条件都不能满足要求,因此在积极研发分子筛固汞催化剂的同时,还要加快开发与分子筛固汞催化剂相配套的新型固定床和大型流化床,使分子筛固汞催化剂技术能尽快应用。

（2）无汞催化剂[7] 目前乙炔氢氯化反应是以活性炭负载的氯化汞做催化剂,在固定床反应器中进行的。开发气、固相催化反应以及气、液相催化反应,使用非汞络合物催化剂、非汞系列催化剂催化乙炔的氢氯化反应,并替代传统活性炭负载的氯化汞催化剂是一种有效解决汞污染的途径,从而可以从根本上杜绝汞的消耗和污染,但是从目前来看,要想彻底断绝我国电石法聚氯乙烯使用汞的状况,需加大无汞催化剂的研发力度。《电石法聚氯乙烯行业汞污染综合防治规划》指出,加快无汞催化剂的研发,2020年初步实现无汞催化剂的工业化生产。目前新疆天业集团非汞催化技术的研究开始较早[20]。2006年与清华大学合作,基于流化床反应工艺开展非贵金属无汞催化技术,建立了10kg级（催化剂）的小试装置,工业侧线测试单次运行超1000h。

（3）氯乙烯流化床反应器技术[7] 流化床反应器是乙炔和氯化氢进行反应生成氯乙烯的大型反应装置,具有传热效率高、换热效果好、生产能力大等优势,可以在催化剂合成氯乙烯时对不同床层中的温度进行有效控制,氯乙烯的转化率得到提高,减少因汞催化剂升华、破碎造成的环境污染。也可以有效避免氯化汞的挥发损失,从根本上降低汞的消耗。这项技术的开发应用,将明显提高行业的技术发展水平。同时,由于流化床不存在催化剂的人工翻倒问题,与固定床反应器相比,减少了催化剂翻倒过程中的汞流失。

（4）沉淀法与过滤技术相结合的含汞废水综合治理技术[7] 综合治理含汞废水技术有很多,包括硫化沉淀法、电化学还原法、离子交换法、活性炭吸附法等,沉淀法与过滤法相结合的综合治理含汞废水技术,具有处理成本低、处理效果好、出水稳定等特点,值得鼓励开发和应用。新疆天业有限公司采用沉淀法与过滤法相结合的方法处理含汞废水。该技术第1步采用沉淀法,向含汞废水中加入沉淀剂,先初步降低含汞量,第2步采用特殊的过滤材料（膜材料或特殊活性炭）对第1步处理后的含汞废水进行高效过滤,处理后的水达到国家规定的排放指标,过滤材料可循环利用,经济实效[21]。

参 考 文 献

[1] 2017年国内PVC产能行情. http://www.sumibuy.com/subject/detail/9036.html.

[2] 氯乙烯合成用低汞触媒: HG/T 4192—2011.

[3] 中华人民共和国国家质量监督检验检疫总局. 氯乙烯合成用低汞触媒: GB/T 31530—2015. 2015.

[4] 中国石油和化学工业联合会. 关于我国石油和化学工业"十三五"发展规划的建议: 上[J]. 化工管理,
    2016,(13): 17-24.

[5] 王书肖,张磊,吴清茹. 中国大气汞排放特征、环境影响及控制途径[M]. 北京: 科学出版社, 2016.

[6] 刘向阳，周贤国，刘延斌.电石法 PVC 生产中汞流向全面分析与污染防治[J].聚氯乙烯，2008，36(7)：33-35.

[7] 电石法聚氯乙烯行业汞污染综合防治方案：工信部节[2010]261 号.

[8] 李法山，王秀娟.电石法 PVC 行业汞的污染与治理[J].聚氯乙烯，2015，43(4)：35-39.

[9] 罗云，李伟，吴云和，等.一种用于合成氯乙烯的低汞复合催化剂及其制备方法：CN102430420 B[P].2013.

[10] 那风换，尹增信.复合金属氯化物催化剂及其生产工艺：CN1814345[P].2006.

[11] 那风换，薛之化，李法曾，等.超低汞催化剂及其生产工艺：CN103551139 A[P].2014.

[12] 周军，张学鲁，李春华，等.聚氯乙烯低汞化实践与总结[J].中国氯碱，2014，(7)：15.

[13] 凌曦，孙阳昭.发展低汞无汞技术是聚氯乙烯行业发展必经之路[J].世界环境，2016，(2)：62-66.

[14] 汞污染防治技术政策.2015.

[15] 张桂香.离子交换法回收 PVC 含汞废盐酸的试验研究[J].聚氯乙烯，2012，40(7)：35-36.

[16] 李志安，卢秉威，佟永刚，等.高效环形流氯乙烯转化器的研究与应用[J].聚氯乙烯，2011，39(12)：36-38.

[17] 康永.合成氯乙烯单体非汞触媒的研究现状[J].上海塑料，2011，29(1)：20-23.

[18] 谢金重，李春华，王小昌，等.新型高效脱汞器推动氯碱行业汞资源循环利用[J].聚氯乙烯，2014，42(7)：27-29.

[19] 关庆鑫，李伟，段琼.一种用于制备氯乙烯的低汞催化剂的制备方法：CN 102151573 B[P].2012.

[20] 夏锐，周军，李国栋，等.流化床乙炔氢氯化氯乙烯合成无汞催化剂的研究进展[J].中国氯碱，2012，4(4)：14-17.

[21] 赵学军，杨振军，张嫒华，等.电石法氯乙烯生产工艺中汞污染物防治技术[J].杭州化工，2017，47(1)：1-4.

第5章

添汞产品生产汞污染控制技术

我国添汞产品用汞约占国内总用汞量的 23%。含汞产品生产包括医疗器械、牙汞合金、荧光灯和电池等，该行业的主要问题是含汞废物的管理和处置。目前，在中国大部分含汞产品随生活垃圾进入填埋场。缺乏有效的含汞废物回收处理体系，增加了汞带来的环境风险。

《关于汞的水俣公约》（第 4 条和第 6 条规定了针对添汞产品的管控和豁免要求，受公约管控的添汞产品包括电池、开关和继电器、电光源、化妆品、农药、生物杀虫剂和局部抗菌剂、体温计和血压计等非电子测量仪器以及牙科银汞合金，对除牙科银汞合金外六大类添汞产品明确的淘汰日期为 2020 年，考虑豁免规定后的最终淘汰期限为 2025 年或 2030 年。考虑到无汞替代品的技术和经济可行性，公约对各种型号电光源的汞含量提出了限值要求，超过限值的电光源产品按公约规定期限淘汰，没有明确最终的淘汰期限。

在公约限制淘汰的添汞产品中，我国已政策性淘汰了含汞开关和继电器、含汞农药、生物杀虫剂和局部抗菌剂，针对化妆品的汞含量限值标准也已符合公约要求，非医用的气压计、湿度计、压力计和温度计等非电子测量仪器也已基本无汞化，我国面临限制淘汰的添汞产品主要是电池、电光源、体温计和血压计。[1]

5.1 添汞产品生产行业概况

5.1.1 含汞医疗器械行业现状及工艺技术

医疗器械行业中的汞使用主要集中在水银体温计、含汞血压计以及齿科材料

（补牙用）中，由于齿科材料用汞量相对较少，可暂忽略不计。据统计，2013年我国水银体温计年产量约1.2亿只[2]，在中国的医院和家庭市场中，分布着5000万支水银体温计，医院约有3500万支。

受《关于汞的水俣公约》管控的非电子测量仪器包括气压计、湿度计、压力表、温度计和血压计。中国生产和使用的含汞非电子测量仪器主要为体温计和血压计。对于其他非电子测量仪器如气压计、湿度计、压力表和温度计等，中国已基本实现无汞化，仅少量产品用于研究、仪器校准或作为参比标样使用。

全国含汞体温计和含汞血压计的生产企业共有20多家，以中小规模企业居多，主要分布在江苏、浙江、山东等地。含汞体温计产量2014年比2012年下降不足10%，含汞血压计产量则增长4%左右[3]。

工信部发布的《中国医药统计年报》中统计了体温计和血压计企业的生产情况，2011～2013年水银体温计和血压计产量如表5-1所示。由于该统计数据仅统计了部分生产企业，通过相关资料文献和专家咨询了解到，行业还有其他生产企业未纳入统计，因此实际产量应大于该统计数据。

表5-1　2011～2013年水银体温计和血压计产量[4]

年份	体温计产量/亿支	血压计产量/万台
2011年	0.60	21.2
2012年	0.16	8.7
2013年	0.37	14.6

中国无汞体温计和血压计的生产和应用发展较快。目前生产和销售的水银体温计替代产品主要有镓铟锡体温计和电子体温计，还少量生产一次性体温计。水银血压计的无汞替代产品主要是电子血压计和无液体血压计。电子体温计和血压计在安全、性能、测量时间等方面比水银产品有优势，但计量准确率受电量、环境因素影响较大。在价格上电子体温计、电子血压计、镓铟锡体温计均处于劣势，无液体血压计与水银血压计价格相当。从替代产品的应用情况来看，电子体温计和血压计的应用范围在逐步扩大，正在为越来越多的医院和家庭所接受。

（1）水银体温计　水银体温计按用途通常分为腋下、口腔、肛门和兽用体温计，其中腋下和口腔体温计产量最大。水银体温计的主要原材料是液汞，其纯度一般都在99.99%以上。

四类体温计的生产工艺基本相同，生产过程按是否涉汞分为坯上工序（无汞）与坯下工序（有汞）。坯上工序主要是制作体温计玻璃管料，属无汞作业；坯下工序包括灌汞、涨真空、缩喉、排气、复溢、封头、印刷、包装等20多道工序（内标式腋下体温计无涨真空和复溢工序），其中有部分工序是对以上主要生产工序质量的专项检验，但整个过程都属于有汞作业。水银体温计坯下工艺流程及汞排放节点如图 5-1 所示。

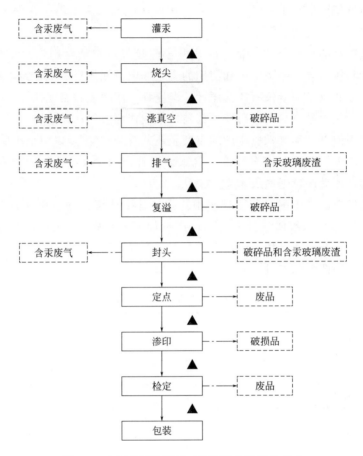

图 5-1　水银体温计坯下工艺流程及汞排放节点

（2）含汞血压计　含汞血压计也是人们日常生活中常见的医疗器械，2008 年全国含汞血压计总产量约 257.93 万台[3]，2010 年总产量约为 290 万台。含汞血压计的主要原料是液汞，其纯度大于 99.99%。手动开关含汞血压计单台产品平均含汞量一般为 20～30g，自动开关含汞血压计单台产品含汞量一般为 35g 左右。

水银血压计主要分为手动开关血压计和自动开关血压计两类。

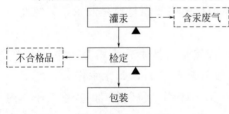

图 5-2　含汞血压计涉汞生产工艺及汞排放节点

血压计生产工序较简单，主要包括零部件组装、灌汞、检定、包装工序。生产过程中的污染物主要是灌汞和检定工序的含汞废气，检定工序也会产生检定不合格的产品，如图 5-2 所示。灌汞工序之前不涉及汞的使用，无含汞"三废"的产生和排放。

5.1.2 含汞电光源

电光源用汞是我国添汞产品用汞重要的组成部分。我国是照明电器产品的生产和出口大国，据中国照明电器协会统计，2014年涉汞的电光源生产企业约300家，总产能70亿支。近十几年来，行业保持快速、持续、稳定的发展。我国荧光灯产品已出现下降趋势，2014年我国荧光灯产品产量为60.5亿支，较2013年下降13.1%[5]，预计这也是未来传统光源产量逐渐下降的一个信号，随着LED照明产品的成本逐渐降低，荧光灯产品的产量会逐渐下降。2009～2014年度我国荧光灯产品产量如图5-3所示。

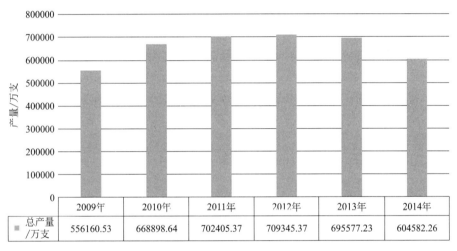

	2009年	2010年	2011年	2012年	2013年	2014年
■ 总产量/万支	556160.53	668898.64	702405.37	709345.37	695577.23	604582.26

图 5-3　2009～2014 年度我国荧光灯产品产量

荧光灯是目前广泛使用的节能型照明光源，分为直管形荧光灯、环形荧光灯、紧凑型荧光灯（俗称节能灯）和无极荧光灯。荧光灯的发光原理决定了灯管中必须含有少量汞蒸气。汞是有毒有害的重金属元素，荧光灯废弃后难以有效回收，汞外泄既污染环境又威胁人体健康。

我国是荧光灯的生产和出口大国，荧光灯行业的发展面临减少汞用量的巨大压力。减少生产过程汞排放并逐步降低荧光灯含汞量，是保护环境、维护人体健康的需要，也是促进产业转型升级，实现可持续发展的必然要求。

电光源品种很多，按发光形式分为热辐射光源、气体放电光源和电致发光光源3类，其中含汞的是气体放电光源。气体放电光源一般包括荧光灯、高强度气体放电灯（简称HID灯）和紫外线灯，其中荧光灯又分为直管形、环形、紧凑型（毛管）、无极荧光灯和特种荧光灯；HID灯又分为高压汞灯、高压钠灯、金属卤化物灯、特种高强度放电灯。气体放电光源的含汞原料一般为液汞和固汞，荧光灯和HID灯的原料可以是液汞或固汞。

电光源产业企业数量众多，规模差异较大，区域分布明显，且产量大，产品种类丰富齐全。从地域分布上看，企业主要集中在江苏、浙江、福建、广东和上海等东南沿海地区，企业数量、产量、出口量和产业链的健全程度等各方面都具有很强的优势。此外，江西、安徽、湖北也有一些分散的电光源制造企业，但从区域优势上明显落后于东南沿海地区。

2007～2013 年，随着国家开展高效照明产品推广工作，荧光灯作为白炽灯替换市场的主流产品得到快速发展。2013 年荧光灯产量约 69.6 亿支，同比增长 0.3%，其中，双端荧光灯产量 18.6 亿支，环形荧光灯产量为 0.89 亿支，紧凑型荧光灯 44.6 亿支。双端荧光灯中，T8 荧光灯产量为 10.69 亿支，T5 荧光灯产量为 5.12 亿支。HID 灯产量约 1.67 亿支，其中高压钠灯产量 0.53 亿支，高压汞灯产量 0.45 亿支，金属卤化灯年产量 0.69 亿支。2013 年紧凑型荧光灯出口 33.1 亿支，其他类型荧光灯出口量 7.72 亿支，HID 灯产品出口 1.64 亿支[3]。

荧光灯低汞化主要依赖于采用固汞生产工艺、荧光灯灯管纳米保护膜涂覆等汞污染控制技术，可以减少汞的注入损失，逐步降低单支产品含汞量，实现生产过程中削减汞使用量和排放量。固汞的制备技术已经基本成熟，正在大力推广和应用，以固汞为原料的荧光灯产品比例在逐渐提高。2010 年约有 60% 紧凑型荧光灯和直管荧光灯采用该技术。

荧光灯的无汞替代产品主要是发光二极管（LED），高压汞灯的无汞替代产品主要为高压钠灯、金属卤化物灯、LED 等，替代产品均已在生产和销售。近两年，由于荧光灯受汞问题困扰，而同时无汞替代产品 LED 照明技术不断提升、成本价格持续下降，LED 照明增长较快，对荧光灯市场形成强大的冲击力，荧光灯生产企业开始转型生产无汞的 LED 产品，部分毛管生产企业关闭[4]。

在照明电器产品的生产制造中，电光源产品中的气体放电灯产品是主要的涉及汞的产品。从行业总体来说，相对于减少产品中的汞含量，企业对于"三废"方面问题的监管还处于起步阶段，荧光灯生产工艺流程及汞输入、输出的环节如图 5-4 所示。

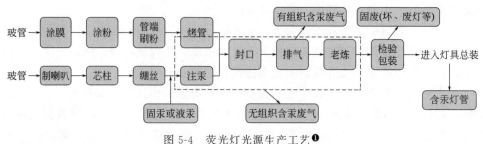

图 5-4　荧光灯光源生产工艺❶

---

❶　图中圈字体标注部分即为荧光灯生产阶段中所有汞使用（输入）和排放（输出）的部分，其中每一部分的汞输入或输出量均能直接影响整个荧光灯行业汞污染情况。

在气体放电光源产品的生产过程中，汞注入过程集中在排气工艺环节，此环节前通常没有汞的使用，此环节后会随着汞的注入以及后续生产工艺的进行产生汞的排放问题。自动和手动两种情况下荧光灯生产工艺流程及产污节点如图 5-5、图 5-6 所示[3]。

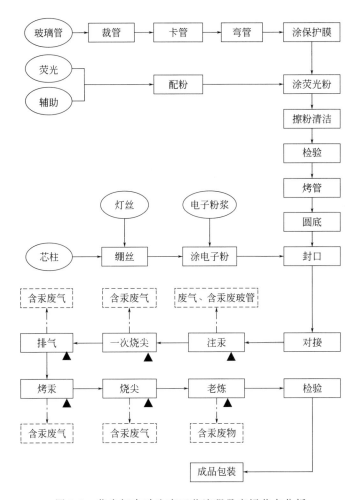

图 5-5　荧光灯自动生产工艺流程及产污节点分析

5.1.3　含汞电池行业

（1）行业现状及工艺技术　我国为电池生产大国，2013 年，原电池产量311.94 亿只，其中扣式碱性锌锰电池 60 亿只，出口约 11.8 亿只，圆柱形碱性锌锰电池 125 亿只，出口约 61.6 亿只[3]。海关税号不能区分电池是否为含汞，所以上述产量既包括含汞电池，也包括无汞电池。其中，扣式碱性锌锰原电池主要为含

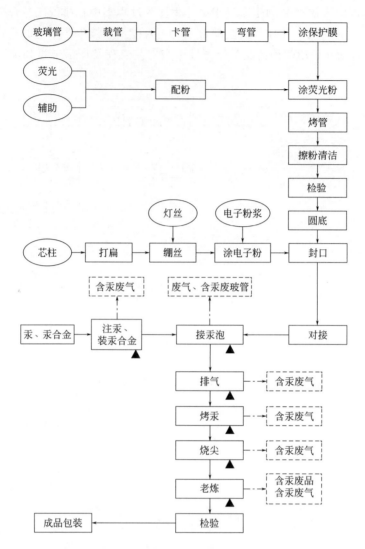

图 5-6 荧光灯手动生产工艺流程及产污节点分析

汞产品，圆柱形碱性锌锰原电池和其他碱性锌锰原电池已基本上无汞，其他二氧化锰原电池部分为含汞产品，氧化银原电池、锌空气电池和其他原电池基本上含汞。

我国目前生产的含汞电池主要有糊式锌锰电池[3]、纸板锌锰电池、碱性锌锰电池（又分为扣式和圆柱形）、氧化银电池和锌-空气电池，含汞原料采用升汞（氯化汞）、浆层纸和含汞锌粉。其中升汞用于生产糊式锌锰电池，浆层纸用于生产纸板锌锰电池，含汞锌粉则用于生产碱性锌锰电池、氧化银电池和锌-空气。电池的制作工艺较为复杂，糊式锌锰电池直接使用升汞，其他四种电池的含汞负极原料均是外购的浆层纸或锌粉成品，只需按工序加入电池中，其生产过程产生的含汞"三废"较少,而糊式锌锰电池的生产包含含汞电解液的配制工序,含汞"三废"产生量相对较多。

中国目前生产的含汞电池主要有糊式锌锰电池、纸板锌锰电池、碱性锌锰电池、扣式锌空气电池和扣式锌氧化银电池。含汞电池以汞或氯化汞作为缓蚀剂,以保证电池的储存性能。糊式锌锰电池含汞原料使用氯化汞,纸板锌锰电池使用含汞浆层纸,扣式碱锰电池、扣式锌空气电池和扣式锌氧化银电池使用含汞锌粉。

近年来,国内很多企业通过无汞化产品研发和技术改造生产无汞电池,无汞产品的产量逐年增多,含汞产品的产量则逐年减少,耗汞量也在逐年下降。

(2)扣式碱锰电池生产工艺及"三废"排放节点 碱性锌锰电池生产过程复杂,工序较多,归纳起来可分为拌粉、压粉环、入粉环、复压、辘线、涂封口剂、入隔膜筒、斟电液、搁置、注锌膏、插集电体、卷口、陈化、卷商标、电压电流检测、成品包装。其工艺流程如图5-7所示。

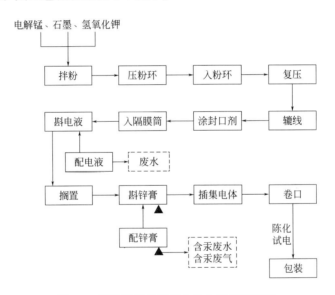

图 5-7 圆柱形碱性锌锰电池生产工艺流程

含汞废水主要来源于锌膏配制、加锌膏或含汞锌粉加入负极盖过程中的跑冒滴漏及清洗设备用水等。

含汞废气来自浆液配制、斟浆入锌筒和电芯入锌筒等工序产生的废气。

含汞固废主要来自废品和含汞活性炭或泥渣,多交给有资质的机构进行处理。

(3)糊式锌锰电池生产工艺及"三废"排放节点 糊式锌锰电池生产过程复杂,工序较多,归纳起来可分为拌粉、正极电芯成型、浆液配制、斟浆入锌筒、电芯入锌筒、熟浆、石蜡封面、洗碳头、封口、戴铜帽、卷商标、四联机(戴胶盖、铁底,电流、电压检测)、成品包装。其工艺流程如图5-8所示。

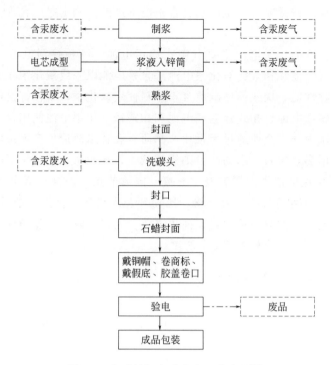

图 5-8　糊式锌锰电池生产工艺流程[3]

5.1.4　含汞试剂生产

含汞试剂是实验室及工业生产中常用的化学试剂，种类繁多，主要产品有氯化汞、氯化亚汞、乙酸汞、碘化汞、硫化汞等，其中氯化汞的应用最为广泛，不仅用于实验室，更重要的是作为生产 PVC 用汞催化剂的生产，也被用作电池中的去极剂以及医药中的防腐杀菌剂、染色的媒染剂、木材的防腐剂和照相乳剂的增强剂等。含汞试剂生产企业多分布在贵州省，且都属于小型企业。生产含汞试剂的主要原料是粗汞，也有用少量精汞，平均汞含量 90%～99.999%。

典型生产工艺[3]如下所述。

汞试剂产品种类很多，工艺路线也各不相同，但从生产方法上大致可分为干法和湿法两种。

干法工艺采用汞与其他生产原料混合后焙烧，经冷凝后得到最终产品，如氯化汞、硫化汞等的生产。这种方法含汞废气产生量大，需进行除尘、吸附、净化等处理后方能达标排放。

湿法工艺采用汞与其他生产原料常温下在溶液中进行反应，经过分离、洗涤、干燥后得到最终产品。这种方法含汞废水产生量较大，需采用必要的化学处理方法才能达标排放。

众多的含汞试剂中，氯化汞用量应该最大，主要用于汞催化剂的生产。氯化汞的生产工艺为：采用金属汞与预热干燥且适当过量的氯气进行反应，在石英炉内反应生成氯化汞气体。其反应方程式为：

$$Hg+Cl_2 \Longrightarrow HgCl_2 \downarrow$$

冷却塔内冷却氯化汞的尾气含有少量氯气、微量氯化汞和大量的空气。先经过二级沉降塔沉降后，尾气中的固体粉尘氯化汞全部被沉降收集包装，尾气成分大部分为空气和少量氯气，其中氯气（Cl_2）在水淋式真空喷射泵中与15％的氢氧化钠（NaOH）溶液接触，被吸收生成次氯酸钠、氯酸钠等，流进喷射泵底部的循环碱液槽。碱液用防腐泵打到喷射泵顶部再循环吸收氯气，同时保持整个系统为负压状态。

经碱洗出来的含汞气体，进入气液分离器后，再经纳米脱汞材料吸附达标后排空。氯化汞生产工艺流程如图5-9所示。

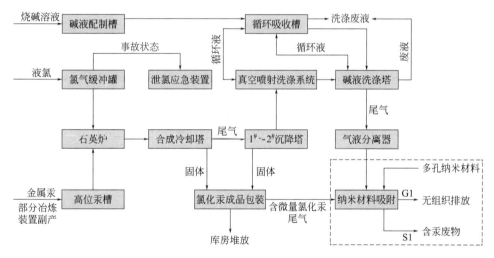

图5-9 氯化汞生产工艺流程

5.1.5 电光源用固汞生产[3]

固汞是生产含汞电光源的主要原料之一，其组成是金属汞与其他金属的合金。固汞的使用可以减少电光源生产汞的使用和排放量，是我国目前正在推广的清洁生产技术之一。

固汞的原料为液汞。其种类有汞合金和汞包，汞合金是汞与其他金属的合金态，多用于紧凑型荧光灯；汞包是在金属外壳中包裹液态汞，多用于直管荧光灯。单粒产品汞含量根据电光源生产企业的要求而定。

典型生产工艺如图 5-10 所示。

汞合金分为圆柱形和球形两种形态，其生产工艺有很大差别（如图 5-10 所示）。圆柱形汞合金是将混有汞的合金材料利用物理方法（机器的挤压、切割）制成，汞排放主要产生于合金材料的混合工序，可采取氩气保护和负压保护等措施减少汞的蒸发和排放。球形汞合金的生产工艺比较复杂，主要包括熔滴、清洗、筛选、包装和入库等几个工序，由于要将汞与其他金属在高温下进行熔融，因此会有大量的汞蒸气产生，同时在清洗工序中要使用大量的有机溶剂和水，由此也会产生含汞的废有机溶剂和废液。

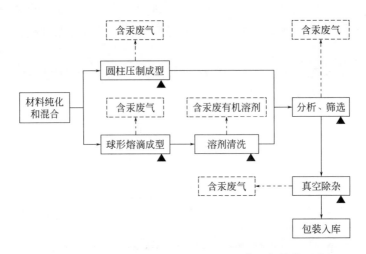

图 5-10　汞合金的生产工艺和含汞"三废"的排放环节

5.1.6　齿科用银汞合金生产[5]

齿科修补用的材料包括银汞合金、玻璃离子和复合树脂。因银汞合金耐磨性好、易安装使用、性价比高，是历史悠久的齿科材料。银汞合金是一种特殊类型的合金，可由汞与一种或多种金属形成。

目前生产的银汞合金产品的规格有高银产品和低银产品，包装形式有瓶装和胶囊形式两种。瓶装产品仅有银合金粉，并不含汞，汞由医院诊所自行采购，即生产过程不使用汞。

银汞合金胶囊产品是将汞和银合金粉按合适比例分别装于同一胶囊隔膜两侧，中间由一层薄膜隔开。临用时将胶囊放入电动调拌器内震荡，使汞与银合金粉混合完成汞合金化。在银汞合金胶囊生产过程中，需将液汞注入胶囊一侧，该过程可能会产生含汞废气。此外，冲洗车间地面和设备时会产生含汞废水。含汞固废主要包括废品和吸附含汞废气的活性炭等。

5.2 汞污染控制技术

① 含汞电光源生产过程中产生的含汞废气可采用活性炭吸附技术、催化吸附-KMnO$_4$ 溶液吸收等处理技术；含汞废水可采用化学沉淀法、活性炭吸附法等高效汞回收技术。

在含汞废气处理方面，催化吸附-KMnO$_4$ 溶液吸收技术是一种获得应用的技术。KMnO$_4$ 是常用的氧化剂之一，有较强的氧化性能，能与许多无机物和有机物发生反应，高锰酸钾广泛应用于饮用水和废水中有机污染物的氧化处理。KMnO$_4$ 水溶液是吸收元素汞蒸气一种有效的吸收剂，EPA 方法就是用酸性高锰酸钾溶液做吸收剂测定气相中的元素汞。KMnO$_4$ 氧化吸收 Hg^0 是一个进行得极为完全的自发反应，且反应速率很快。在不同酸碱体系中，Hg^0 和 KMnO$_4$ 反应过程是不同的。在酸性条件下 H$^+$ 提高了体系的氧化还原电势，同时生成的 Mn^{2+} 对本反应具有自催化作用。中性及碱性条件下，除氧化 Hg^0 外，KMnO$_4$ 还原为 MnO$_2$ 对 Hg^0 有吸附作用，在强碱性条件下 KMnO$_4$ 将 OH$^-$ 氧化成 ·OH 从而使得自由基·OH氧化去除 Hg^0。

制造荧光灯会产生许多含汞废水，处理这些废水一般采用如下方法。

化学沉淀法：这种方法应用得比较普遍，在含汞废水中加入硫化钠，硫离子与汞离子反应，生成硫化汞沉淀，其反应是：

$$Hg^{2+} + S^{2-} \longrightarrow HgS\downarrow 。$$

活性炭吸附法：将含汞废水抽到含 5% 活性炭粉的池内搅拌、沉淀、化验符合排放标准为止。

低浓度含汞废水的明矾净化法：明矾对汞有很强的吸附能力，利用这一点对低浓度含汞废水进行净化，每升含汞废水投入 200～300mg 明矾就可达到净化目的。

② 含汞电池生产过程中产生的含汞废气可采用活性炭吸附等处理技术净化后外排；含汞废水可采用电解法、沉淀法等化学处理技术，或微电解-混凝沉淀综合等技术处理。

絮凝沉淀法是在含汞废水中加入絮凝剂（石灰、铁盐、铝盐等），在 pH 值为 8～10 的弱碱性条件下，形成氢氧化物絮凝体，对汞有絮凝作用，使汞共沉淀析出。该方法可使出水含汞浓度降到 0.05～0.1mg/L，除汞效率约为 90%。该法通常产生大量含水率高的污泥，不利于汞的回收。该方法适用于处理含汞量较低和浑浊度较高的废水，或用来对浑浊的高含汞量废水做澄清预处理。

硫化沉淀法是在含汞废水中加入硫化钠处理，由于 Hg^{2+} 与 S^{2-} 有强烈的亲和力，能生成硫化汞沉淀而去除溶液中的汞。该技术是应用最多的一种沉淀处理法，加盐酸将 pH 值调至 5，再加 Na₂S 或 NaHS，调 pH 值至 8～9，去除率可达 99.5%～99.9%，出水含汞浓度可降到 0.05mg/L 以下。该技术工艺流程短，设备简单，原料来源广泛，处置费用低。该方法不足：在硫化物过量较多时会形成可溶性汞硫络合物；硫化物过量程度的监测较困难；处理后出水的残余硫产生污染问题。该技术适用于含汞废物处理处置过程中产生的高浓度含汞废水的处理。

微电解-混凝沉淀技术处理电池厂含汞废水：在电池厂产出的工艺废水中，汞主要以溶解的 Hg^{2+} 形态存在和以固态的 HgO 或 $Zn-Hg$ 化合物存在，溶解态汞离子（Hg^{2+}）含量一般占总汞量的一半略多。微电解过程主要是与溶解态的离子汞发生作用，废水中呈溶解态的汞离子（Hg^{2+}）可通过微电解作用被还原成金属汞，主要反应为：

$$Hg^{2+}+2M \longrightarrow M^{2+}+Hg(M)$$

其后，或以单质汞、或与填料物质形成汞合金而被拦截在微电解反应器中；当废水中总汞含量较高时，部分还原汞也会随水排出，在过滤时被拦截。原废水中另一部分非溶解汞或其化合物，在微电解柱中亦可与填料物质发生汞合金化而被过滤拦截。这些含汞物质即为汞污泥，可在下步回收汞或做安全填埋。

原废水经微电解处理过滤后，其含汞浓度虽已达到排放要求，但其中的锌、锰含量与原废水仍基本相同，远未达标，应采取混凝沉淀法进一步处理才能使锌、锰达标排放。

③ 水银体温计和含汞血压计生产、含汞化学试剂生产过程中产生的含汞废气可采用活性炭吸附等处理技术净化后外排，含汞废水可采用沉淀＋活性炭吸附等处理技术。

针对水银体温计和含汞血压计、含汞化学试剂生产特点及污染源情况，结合该行业自身污染治理技术情况，明晰了产生的含汞废气、含汞废水的具体处理技术路径。为水银体温计生产过程中的含汞废气和含汞废水的处理提出了思路，体现行业特点。

④ 添汞产品生产及产品转运过程中破碎的灯管、封口或高温加热时截断的废玻璃管和不合格产品、处理含汞废水和含汞废气产生的泥渣或含汞活性炭等，可自行采用焙烧、冷凝等技术进行回收处理，或交由相应危险废物处理资质的机构进行回收或处置。

针对含汞产品生产特点及污染源情况，结合该行业自身污染治理技术情况，明晰了产生的含汞废物的具体处理技术路径。为含汞产品生产及产品转运过程中破碎的废玻璃管和不合格废品、处理废水和废气产生的泥渣或含汞活性炭等的处理提出了技术要求，符合行业发展现状及需求。

参 考 文 献

[1] 田祎，臧文超，王玉晶，等. 加快添汞产品淘汰的履约对策建议[J]. 环境与可持续发展，2016，6：69-71.

[2] 中国医药统计年报，2012～2014 年.

[3] 中国轻工业年鉴，2014 年.

[4] 乔更新，魏青，陈亮.量子点 LED 技术的发展趋势及其对未来照明的影响[J].中国照明电器，2015，10：7-11.

[5] 李海宁，白东亭.我国齿科用银汞合金汞控制前景分析及思考[J].中国药事，2012，26(8)：852-854.

第3篇

汞的无意排放行业

本篇重点介绍了燃煤电厂、燃煤工业锅炉、铜冶炼、铅冶炼、锌冶炼、黄金冶炼、水泥生产、含汞废物处理处置、汞污染土壤治理与修复等汞的无意排放行业现状、典型生产工艺、汞污染控制技术，旨在为汞的无意排放行业开展汞污染防治提供技术支撑。

第6章

燃煤行业汞污染控制技术

2014 年我国大气汞排放量为 378.71t，主要包括燃煤、水泥、有色冶炼、废物焚烧等行业，各行业大气汞排放量分别占总排放量的 42％、30％、15％和 13％，2014 年燃煤行业大气汞排放了 161.60t，占中国总人为源汞排放的 40％左右，比 2010 年减少了 52.70t[1]。总体来看，尽管我国采取了积极的措施推进汞污染防治，但是目前每年仍有 378.71t 的大气汞排放[2]，成为环境安全问题的重要隐患，需要采取切实有效的措施推进大气汞减排。2014 年我国主要涉汞行业大气汞排放量情况如图 6-1 所示。

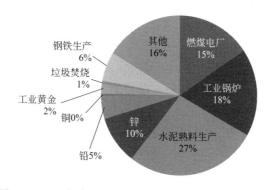

图 6-1　2014 年中国主要涉汞行业大气汞排放量情况[3]

电力和工业锅炉是通过燃烧燃料对水进行加热，产生蒸汽用于发电或工业过程的设备。经测定，汞在煤中含量较低，但由于煤的大量燃烧，燃煤电厂和工业锅炉的大气汞排放总量可能是很大的。

中国是世界上最大的煤炭消费国，占能源生产总量的 75％[4]。燃煤行业包括燃煤电厂和工业锅炉。这两个行业中，燃煤电厂是最大的煤炭消耗行业，占国内汞排放的 33%；工业锅炉占国内汞排放的 19%[5]，也是大气汞排放的主要污染源。煤中汞的标准平均含量在 $0.15\sim0.20\mu g/g$[6]，但区域和煤质决定了汞含量的差异。煤炭中汞成分的客观存在以及中国以煤炭为主的能源结构，使以燃煤电厂为代表的燃煤行业成为中国汞污染的最大排放源。

6.1 燃煤电厂大气汞排放及污染控制现状

6.1.1 行业概况

据中国电力企业联合会发布的统计数据[7]，截至 2015 年年底，全国发电装机容量 $152527\times10^4 kW$，同比增长 10.62%，增速比 2014 年提高 1.67 个百分点。火电 $100554\times10^4 kW$（含煤电 $90009\times10^4 kW$、气电 $6603\times10^4 kW$），占全部装机容量的 65.92%，比 2014 年增长 7.85 个百分点。2015 年，全国 6000kW 以上电厂供电标准煤耗 315g/(kW·h)，同比降低 4g。煤电机组供电煤耗继续保持世界先进水平。从 1996 年起，全国发电装机容量和发电量均稳居世界第二位。截至 2012 年年底，全国装机容量 $114491\times10^4 kW$，发电量 $49774\times10^4 kW·h$。以煤为主的资源禀赋特征决定了我国电力结构以火电为主。尽管近年来发电结构不断优化，但仍有超过 70% 的装机容量为火电，约 80% 的发电量来自火电。

火力发电包括燃煤发电、燃油发电和燃气发电，我国燃煤发电在火电构成中超过 90%，火电发展情况基本反映了煤电发展水平。近年来，我国大力推进大型煤电基地建设，大容量、高参数的火电机组得到迅速发展。超（超）临界机组投运总容量超过 $1\times10^8 kW$，其发展速度、装机容量和机组数量均已跃居世界首位。截至 2010 年，全国投运百万千瓦超（超）临界燃煤机组达到 27 台，数量居世界第一[8]。电煤消耗量持续增长，2011 年已接近煤炭产量的 60%[9]。我国仍处在工业化中期，未来 10 年工业化、城镇化都将快速发展。可以预见，为支撑全面建设小康社会，大力实施电力普遍服务，我国电力需求在今后一段时期仍将保持较快增长态势。预计 2020 年我国全社会用电量将达到 $8.6\times10^{12} kW·h$，发电装机将达到 $20\times10^8 kW$，其中非化石能源装机达到 $7.5\times10^8 kW$，火电装机比重仍将保持在 60% 以上[9]，燃煤行业的煤炭消耗量将进一步增加。

截至 2014 年年底，燃煤电厂电除尘器、袋式除尘器和电袋复合式除尘器占全国燃煤机组容量比重分别为 77.3%、9.0% 和 13.7%。其中，袋式除尘器容量约 $0.7\times10^8 kW$，电袋复合除尘器机组容量约 $0.9\times10^8 kW$。

2013 年国务院发布大气污染防治"国十条"，其中第一条便是"全面整治燃煤小锅炉，加快重点行业脱硫脱硝除尘改造"。在此背景下，2014 年 9 月，国家发改委、环保部、国家能源局联合印发《煤电节能减排升级与改造行动计划》（以下简称《计划》）。《计划》要求，新建机组应同步建设先进高效脱硫、脱硝和除尘设施，东部地区新建机组基本达到燃机排放限值，中部地区原则上接近或达到燃机排放限值，鼓励西部地区接近或达到燃机排放限值。同时，稳步推进东部地区现役燃煤发电机组实施大气污染物排放浓度基本达到燃机排放限值的环保改造。2015 年 12 月 11 日环境保护部、国家发展和改革委员会、国家能源局三部委再次联合发布关于印发《全面实施燃煤电厂超低排放和节能改造工作方案》的通知，要求到 2020 年，全国所有具备改造条件的燃煤电厂力争实现超低排放。全国有条件的新建燃煤发电机组达到超低排放水平。加快现役燃煤发电机组超低排放改造步伐，将东部地区原计划 2020 年前完成的超低排放改造任务提前至 2017 年前总体完成；将对东部地区的要求逐步扩展至全国有条件地区，其中，中部地区力争在 2018 年前基本完成，西部地区在 2020 年前完成。

　　随着我国近年来大气污染治理进程的推进，燃煤电厂的污控设施安装及使用现状发生了巨大的变化。在 2014 年短短一年时间内便有多达 28 家燃煤电厂，42 台燃煤机组，装机容量 $2100 \times 10^4 \, kW$ 的燃煤电厂实现超低排放改造。燃煤电厂的超低排放改造以锅炉低氮燃烧改造，脱硫、脱硝、除尘设施提效改造，加装二次除尘设施三种技术为主，但是这些污控措施的变化对燃煤电厂汞输出分布的影响研究却十分缺乏。

6.1.2　排放现状

　　据估算[10]，2010 年中国燃煤电厂大气汞排放量的最佳估计值为 100.0t，置信区间为 57.2～354.2t，占中国燃煤大气汞总排放量的 39%。根据电力行业燃煤与协同控制装置发展情况，2005～2007 年电力大气汞排放出现峰值，随着更加严格的《火电厂大气污染物排放标准》（GB 13223—2011）的实施，大气污染防治措施进一步加强，近年来大气汞排放呈下降趋势。

6.1.3　大气污染防治情况

　　之前，我国有关燃煤电厂大气污染物排放标准中都没有设置汞的限值，燃煤电厂大气污染防治主要包括除尘、脱硫和脱硝三个方面，为支持国际履约，在 2012 年实施的新的《火电厂大气污染物排放标准》（GB 13223—2011）中确定我国火电厂汞的限值为 $30 \mu g/m^3$。

　　目前大气汞污染控制技术主要包括三大类：直接利用现有大气污染控制技术和装置协同脱汞、改进现有大气污染控制技术以提高汞脱除效率以及利用新型的大气汞污染控制技术专门进行脱汞。

目前实际工程应用中，为了实现汞的排放控制，一般会在现有的烟气净化设施基础上采取联合控制技术，其中使用最为广泛的是 ESP＋FGD/WFGD＋SCR/SNCR 联合控制技术。利用电厂现有的除尘装置（电除尘器和布袋除尘器）、脱硫装置（湿法和干法装置）、脱硝装置（主要为 SCR 法）是目前燃煤电厂使用最为广泛也是最主要的汞污染控制手段。电除尘器、布袋除尘器、干法脱硫装置、湿法脱硫装置等对烟尘、二氧化硫有效控制的同时，对重金属汞也具有一定的协同控制作用[11]。

利用新型的汞污染控制技术专门脱汞技术主要包括：活性炭注射、S/Cl/I 负载活性炭注入、燃煤中添加溴化钙、钙吸附剂注入、沸石吸附剂注入、紫外光照射下的二氧化钛（TiO_2）吸附剂吸附、氧化剂注入、光化学氧化、电晕放电、电子束照射、催化剂氧化和新型燃煤汞排放控制技术等。

（1）除尘　我国燃煤电厂烟气除尘技术经历了由初级到高级的发展过程。除尘器的选用由初期的旋风除尘器、多管除尘器和水膜除尘器等到 20 世纪 80 年代起广泛使用的静电除尘器，近年来随着袋式除尘器滤袋材料性能的改善及排放标准的严格，袋式除尘器和电袋除尘器应用呈上升趋势。燃煤电厂烟尘控制已发展到应用最佳可行技术阶段。

燃煤电厂排烟除尘方式以静电除尘为主，采用静电除尘器的锅炉容量占 95%以上。随着环保要求的不断趋严，布袋除尘器和电袋除尘器比例逐步提高。目前，适用于电站锅炉的布袋除尘器和电袋除尘器已经实现了国产化。

2015 年全国电力烟尘年排放量约为 $40×10^4$ t，比 2014 年下降 59.2%；每千瓦·时火电发电量烟尘排放为 0.09g，比 2014 年下降 0.14g[12]。

截至 2015 年年底，火电厂安装袋式除尘器和电袋复合式除尘器的机组容量超过 $2.78×10^8$ kW，占全国煤电机组容量的 31.4%以上。其中，袋式除尘器机组容量约 $0.78×10^8$ kW，占全国煤电机组容量的 8.82%；电袋复合式除尘器机组容量超过 $2.0×10^8$ kW，占全国燃煤机组容量的 22.62%[13]。

（2）脱硫　绝大部分发电机组安装了烟气脱硫设施，且绝大部分采用的是湿法脱硫技术（包含抛弃法、石膏法和少量的海水脱硫法），其中石灰石-石膏湿法脱硫工艺脱硫效率高、工艺成熟，现今已成为国内外的主流技术。

据中国电力企业联合会统计[14]，截至 2009 年年底，燃煤电厂烟气脱硫机组容量达到 $4173×10^8$ kW，比 2008 年增长 29.5%，是 2000 年的 90 余倍。全国烟气脱硫机组占煤电机组的比例约为 76%，比 2008 年增加 12 个百分点。2005～2009 年全国燃煤电厂烟气在全国已投运的烟气脱硫机组中，30 万千瓦级及以上烟气脱硫机组占 86%。石灰石-石膏湿法仍是主要脱硫方法，占 92%，其余脱硫方法中，海水法占 3%，烟气循环流化床法占 2%，氨法占 2%，其他占 1%。

2013 年电力二氧化硫排放约 $780×10^4$ t，比 2012 年下降 11.7%，与 2009 年排

放水平相当，电力二氧化硫排放量约占全国二氧化硫排放量的 38.2%。2013 年每千瓦·时火电发电二氧化硫排放量为 1.85g，比 2012 年下降 0.40g。截至 2013 年年底，累计已投运火电厂烟气脱硫机组总容量约 $7.2×10^8kW$，占全国现役燃煤机组容量的 91.6%，比 2012 年提高 0.6 个百分点。石灰石-石膏法占 92.3%（含电石渣法），海水法占 2.8%，烟气循环流化床法占 2.0%，氨法占 1.9%，其他占 1.0%。而截至 2015 年年底[15]，全国电力二氧化硫排放约 $200×10^4t$，比 2014 年下降约 67.7%，火电发电量二氧化硫排放约为 0.47g/(kW·h)，比 2014 年下降 1g/(kW·h)。全国已投运火电厂烟气脱硫机组容量约 $8.2×10^8kW$，占全国煤电机组容量的 91.20%；"十二五"期间节能减排力度持续增强，行业二氧化硫排放量较"十二五"初期降幅在 50% 以上，大幅高于《节能减排"十二五"规划》中制定的火电行业二氧化硫排放量较 2010 年降低 16% 的目标值。

（3）**脱硝** 脱硝技术在我国起步较晚，目前主要针对大容量锅炉，低氮氧化物燃烧是目前普遍采用的控制火电厂氮氧化物生成及排放的主要手段，以低氮氧化物燃烧器（LNB）、空气分级技术和燃料分级燃烧（再燃）为主[16]。火电厂大规模应用的烟气脱硝技术主要包括选择性催化还原法（SCR）、选择性非催化还原法（SNCR）和 SNCR/SCR 联合脱硝技术。SCR 工艺是目前商业应用最为广泛的烟气脱硝技术。

截至 2015 年年底，电力氮氧化物排放约 $180×10^4t$，比 2014 年下降约 71.0%，单位火电发电量氮氧化物排放量约 0.43g/(kW·h)，比 2014 年下降 1.04g/(kW·h)。相比于 2013 年，电力氮氧化物排放约 $834×10^4t$，比 2012 年下降 12.0%，占全国 37.4%；2013 年每千瓦·时火电发电量氮氧化物排放量为 1.98g，比 2012 年下降 0.43g，下降 17.8%。2015 年当年投运火电厂烟气脱硝机组容量约 $1.6×10^8kW$；截至 2015 年年底，已投运火电厂烟气脱硝机组容量约 $8.5×10^8kW$，占全国火电机组容量的 85.9%，占全国煤电机组容量的 95.0%[17]。

6.2 燃煤工业锅炉大气汞排放及污染控制现状

6.2.1 行业概况

工业锅炉集中在供热、冶金、造纸、建材、化工等行业，主要分布在工业和人口集中的城镇及周边等人口密集地区，以满足居民采暖、工业用热水和蒸汽的需求为主。我国工业锅炉的数量众多，截至 2011 年，我国有工业锅炉 61.06 万台，燃煤工业锅炉约 52.7 万台，占总量的 85% 左右，年煤耗量达到了 $7.2×10^8t$。我国工业锅炉多为低参数、小容量、火床燃烧锅炉，2002 年、2006 年和 2011 年单台工业锅炉平均容量分别是 5.0t/h、5.58t/h 和 8.09t/h[18]。

我国是一个能源消耗大国，工业锅炉是重要的热能动力设备，我国是当今世界锅炉生产和使用最多的国家。受我国特殊的燃料结构的影响，燃煤锅炉是我国工业锅炉的主导产品。我国工业锅炉经历两个变化时期，2000～2007 年工业锅炉台数先增加后减小，2007～2014 年工业锅炉台数随着经济的增长呈现逐年增加的趋势，并且工业锅炉占锅炉总数的绝大部分。2000～2014 年工业锅炉的总蒸吨数在逐年增加，由 2000 年的 278.45 万蒸吨增加到 2014 年的 652.85 万蒸吨。工业锅炉的平均容量由 2000 年的 5.29t/h 增加到 2014 年的 10.44t/h。这主要是由于我国逐渐淘汰低参数、高耗能、小容量的锅炉，使得小容量锅炉的比重显著下降，大容量锅炉的比例增加显著。2000～2014 年以来我国工业锅炉保有量的变化趋势如图 6-2 所示。

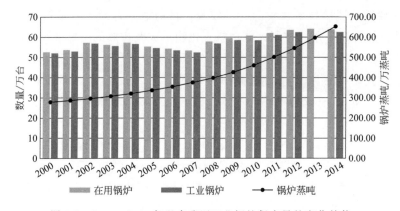

图 6-2　2000～2014 年以来我国工业锅炉保有量的变化趋势

工业锅炉是重要的热能动力设备，在国民经济发展、居民生活中起着不可或缺的作用，同时工业锅炉在使用过程中对环境造成的污染也日趋严重。据统计，截止到 2014 年年底，全国在用锅炉数量达 63.89 万台，其中燃煤工业锅炉约 45 万台，占 70.4% 左右。且燃煤工业锅炉年消耗原煤约 7×10^8 t，占全国煤炭消耗总量的 18% 以上。并且呈现出上升的趋势[19]。

由图 6-3 可知，循环流化床锅炉汞排放过程中，飞灰中的汞最多，占 62.31%。底渣中的汞只有 0.07%，说明在锅炉炉膛燃烧区域，几乎所有煤中汞会转变为元素汞并以气态形式进入烟气中，随着烟气的流动和温度的降低，烟气中的汞会和烟气中的某些成分如 HCl、SO_3 等发生一系列物理化学反应进而被飞灰吸附。进入 WFGD 系统中的汞主要迁移到了石膏中，占 7.22%，而迁移至脱硫废水中的汞只有 0.02%。最终排放到大气中的汞占 30.38%，说明大部分汞排放到了飞灰、脱硫产物等固体燃烧产物中。

目前，我国在用燃煤工业锅炉以链条炉排为主，实际运行燃烧效率、锅炉热效

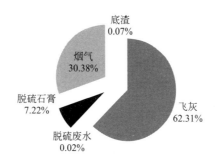

图 6-3 循环流化床锅炉汞排放过程汞的分布[33]

率低于国际先进水平 15% 左右，平均热效率仅 65% 左右。燃煤工业锅炉污染物排放将超过电力行业，已经成为大气汞污染的主要元凶。目前常见的工业锅炉大气污染治理主要在锅炉烟气出口加装除尘设施，采用的除尘设施主要包括：机械除尘、湿法除尘、布袋除尘以及湿法除尘脱硫一体化等初级治理技术，污染物控制效果差。仅少量的大容量工业锅炉采用静电除尘及脱硫塔对烟尘和二氧化硫进行控制，绝大多数工业锅炉并未设置单独的脱硝装置，也没有充分考虑汞的脱除。现有的工业锅炉烟气污染物治理技术路线已经难以达到大气环境治理的需要要求，亟须改进。各类除尘设备如表 6-1 所示。

表 6-1　除尘设施的类型及除尘效率[20]

类别	除尘设备形式	除尘效率/%
机械除尘	单筒旋风除尘器	50～70
	多管旋风除尘器	60～80
洗涤式除尘器	湿法除尘/麻石水磨脱硫除尘一体化	85～90
过滤除尘	布袋除尘器	85～99
	静电＋布袋除尘	99
电除尘器	管式电除尘	80～85
	卧式电除尘	96～98

　　燃煤工业锅炉脱硫设施并不完善，与燃煤电厂差距甚远，不同容量的锅炉脱硫设施差距很大。脱硫设施脱硫效率的默认值和合理取值区间见表 6-2。

表 6-2　脱硫设施脱硫效率的默认值和合理取值区间[20]

末端治理技术	脱硫效率/%	
	合理取值区间	默认值
湿式除尘器/麻石水磨脱硫除尘一体化	15	15
烟气脱硫	60～80	70

末端治理技术	脱硫效率/%	
	合理取值区间	默认值
循环流化床	60～80	70
其他炉内脱硫	20～40	30

目前绝大多数锅炉都没有相应的脱硝设施,仅有的部分锅炉也只是采用低氮燃烧技术,分析其主要原因,可能是由于被替代的《锅炉大气污染物排放标准(GB 13271—2001)》中并没有规定氮氧化物的排放限值,加之考虑小锅炉的经济效益等问题,对于安装脱硝设施或采用低氮燃烧并不经济可行,所以导致燃煤工业锅炉的氮氧化物几乎没有控制措施。

未来相当长的一段时间内,燃煤工业锅炉仍将是我国的主导产品,且以中大容量(单台蒸发量≥10t/h)居多。但燃煤锅炉会产生严重的环境污染,随着能源供应结构的变化和节能环保要求日益严格,天然气开发应用将进入高速发展时期。小型燃煤工业锅炉将退出中心城区。因此,采用清洁燃料和洁净燃烧技术的高效、节能、低污染工业锅炉将是产品发展的趋势。

6.2.2 排放现状

由于工业锅炉的平均容量小,排放高度低,燃煤品质差、差异大、治理效率低,污染物排放强度高,2007年中国燃煤行业汞的总排放量达到了368.5t,燃煤电厂占33.4%,工业锅炉占57.9%,民用占4.9%,其他占3.8%[11]。

6.2.3 污染防治情况

工业燃煤锅炉使用分散,分属不同行业,管理难度很大,大气污染控制设施的使用并不广泛,通常只有简单的去除颗粒物的装置,污染较为严重。由于大气污染控制措施仅能捕获小部分汞,工业锅炉的汞排放实际要高于燃煤电厂。

6.3 燃煤行业最佳环境实践

燃煤电厂和工业锅炉控制大气汞排放的最佳环境实践包括:
① 通过实地考察或者在其他地点对相似设备的研究确定工艺的关键参数;
② 引入控制关键工艺参数的方法;
③ 引入监测和报告关键工艺参数的方案;

④ 引入和遵照计划周期，执行合适的检查和维护周期；
⑤ 引入各级职责清楚划分的环境管理系统；
⑥ 确保拥有合适的资源来执行和维持最佳环境实践；
⑦ 引入改进工艺来解决技术瓶颈和技术落后问题；
⑧ 实施最佳环境实践时，确保所有工作人员得到与其职责相关的足够培训；
⑨ 为关键燃料参数定义燃料规格，并引入监控和报告机制；
⑩ 确保对飞灰、底灰和脱硫石膏的合适的环境管理。

6.4 燃煤行业汞污染控制最佳可行性技术

6.4.1 燃料替代控制技术

风能、太阳能和水电等可再生能源在生产过程中不涉及大气汞排放，因此能源结构调整是减少汞排放的重要途径。发展清洁能源，控制煤炭消费总量，才能从源头上减少燃煤大气汞排放。此外，使用天然气等替代燃煤，也能很大程度地减少大气汞排放。

对任何燃煤设施及其大气污控设备运行情况而言，其汞排放量取决于每单位发电耗煤量。因此，减少每单位发电耗煤量，就可减少燃煤汞排放总量，这可以通过提高电厂或工业锅炉能效的措施来实现。最常用的提高能效的措施包括替换/升级燃烧炉、改进空气预热器、改进省煤器、改进燃烧措施、气热传送设施表面沉积物最小化以及空气泄漏最小化等。

6.4.2 燃烧前脱汞技术

煤处理包括传统洗煤、煤炭改质、混煤和使用煤添加剂[21]。传统洗煤，虽然主要目的是使煤中灰分和硫含量最低化，但它同时也能降低原煤汞含量。煤炭改质包括：洗煤以及为减少煤汞含量而进行的额外处理。其他煤处理技术（混合煤和使用添加剂）主要是通过使用电厂除汞的燃烧和燃烧后设备促进汞的化学反应，以最大限度减少汞排放。这些方法可以在洗煤的基础上使用（例如，混合两种洗煤，或单独使用）。

（1）洗煤 传统的洗煤方法是将开采的煤，根据不同材料的密度或表面特性的差别，分成有机的和矿物材料的两类。物理法洗煤通常有一系列工艺步骤，包括减小体积、筛选、重力分离以及脱水和烘干。在洗煤过程中，平均51%的汞可以被脱除[22]。

传统洗煤方法还包括：将不可燃烧的矿物质夹带的汞去除。但是，这不能去除煤中与有机碳结构结合的汞（US EPA, 2001）。对 26 个烟煤样品的测试数据表明，5 个煤样的分析结果表明传统的洗煤对汞去除无效，而其他 21 个煤样除汞率范围介于 3%～64%，所有数据的平均除汞率约为 21%。另一项对 24 个烟煤样品的研究表明其平均除汞率要高出这个水平，达到 30%。

洗煤汞去除率的差异可能与洗煤的工艺种类和煤中汞的形态有关。此外，煤炭除了一些金属汞之外，可能含有其与黄铁矿或有机成分的结合体。较重的黄铁矿可以通过基于密度的工艺去除，但基于硫的工艺却无法将它驱除，因为黄铁矿与有机物的表面特性相似，很难将二者分开。为进一步提高除汞效率，在过去曾对先进的洗煤技术进行了探讨，如使用天然微生物和温和的化学反应等。

目前，发达国家原煤入洗率为 40%～100%，而我国只有 22%。从保护环境和经济可持续的角度出发，应尽快提高我国原煤入洗率[23]。

（2）**煤炭改质——K-fuel 技术**　K-fuel 是从次烟煤或褐煤中改质出来的煤，该燃料低灰、高热值，要比未处理的煤排放更少的污染物。使用它可以改善煤质的燃烧前工艺，包括去除汞、水分、灰分、硫和一些燃料氮氧化物的前体物。因为这些成分在电厂燃煤之前就得以去除，因此就减少了安装燃烧后控制设施的需求。K-fuel 技术也可以用于烟煤。对一些低质煤使用 K-fuel 的研究表明[24]，它可以降低 10%～30% 的灰分、10%～36% 的硫和 25%～66% 的汞。热分离可以进一步降低汞排放。

由澳大利亚 Perth 的 Rio Tinto 技术服务局进行的测试表明：仅热分离工艺就可减少 40% 的燃料汞。在试点燃煤电厂的测试表明总汞减少 66%～67%。另一个于 2006 年完成的用次烟煤加工的 K-fuel 示范项目表明：二氧化硫排放减少 38%～40%，氮氧化物排放减少 10%～22%，汞排放量减少至 70%（KFx, 2006）。

首个 K-fuel 工厂于 2005 年 12 月在美国怀俄明州的 Fort Union 市建成并运行，产能 75×10^4 t/a。这是世界上第一座此类工厂，作为大规模 K-fuel 生产设施服务于客户，并在美国黑山电厂等 20 余家企业成功进行了燃烧试验，取得了良好效果。

国内呼伦贝尔市海拉尔区拟建一座单处理器的干燥提质装置，锡林郭勒盟地区准备进行双处理器 K-fuel 工厂建设，在云南准备进行四处理器 K-fuel 工厂建设，目前正在可行性研究报告编制阶段。

（3）**混煤**　为有效地达到二氧化硫减排目标，电厂通常使用混煤的方法。例如，美国一些电厂将低硫 PRB 河域的次烟煤与烟煤混合，以便在不使用烟气脱硫设施的条件下可以降低二氧化硫排放。但这个二氧化硫控制策略有它的副作用，它会改变汞的化学形态，因此，在下游使用烟气脱硫设施捕获汞时需要采取相应的措施。PRB 河域的烟煤在烟气中生成的氧化汞远比次烟煤生成的要多出很多。因为氧化汞是水溶性的，它更容易在烟气脱硫设施中捕获。因此，烟气脱硫设施的汞捕获效率很大程度上取决于烟气脱硫设施入口处氧化汞的含量。在烟煤与次烟煤的混合中，烟煤的比例越高，烟气脱硫系统的汞捕获量就越多。可见，混合煤可以使汞捕获量增加近80%。一项有关在使用SCR条件下混合煤对汞物种的影响的综合研究结果表明：将次烟煤与烟煤混合后，汞氧化率可达到10%～40%。完全使用烟煤的情形，其SCR入口/出口的氧化汞含量（27%/84%）要比完全使用次烟煤的（6%/3%）高得多。

（4）煤添加剂　氧化汞随着煤氯含量的增加而增加。然而，煤氯含量常常不足以生成高水平的氧化汞。为解决这个问题，研发了一些加入卤素化合物的方法，如溴或氯盐。卤素添加剂可氧化金属汞，为下游设施捕获汞做准备。它们可能对使用含低氯的次烟煤的发电机组的除汞很有帮助。这些添加剂可喷在煤上，注入锅炉，或在粉煤机上游以固态形式添加。对燃烧前使用KNX添加剂（52%溴化钙水溶液）进行了全面的测试，相当于25mg/kg煤水平，发现在装有SCR设施使用次烟煤的600MW机组，汞的排放持续减少92%～97%。电力研究所对14家燃用低氯煤的机组进行的全面测试表明[25]：煤中加入25～300mg/kg的溴化物，可得到90%以上的烟气汞氧化。给出了卤素添加比例与单质汞氧化百分比的关系。可见，溴比氯更能有效地氧化汞。加入少于200mg/kg的基于溴的添加剂，就可生成80%的氧化汞。

6.4.3　燃烧中脱汞技术

目前，国内外关于燃烧中脱汞的研究较少，主要是利用改进燃烧方式，在降低NO_x的同时，抑制一部分汞的排放[26]。通过对煤燃烧过程进行干预，增加烟气中氧化态汞的含量，提高后期设施的协同去除效率。

大型燃煤电站锅炉形式多采用煤粉炉，煤粉炉属于沸腾燃烧炉，煤的燃烧过程快，燃烧充分，炉温高，飞灰中残碳含量低，所以这样的燃烧工况使汞更容易挥发成气态随烟气排出，而不会留在底灰中。美国EPA给国会的报告中，除了四角切圆布置的非低NO_x直流燃烧器、前墙布置的低NO_x直流燃烧器和循环流化床锅炉之外，其余几种燃烧器形式均对汞的排放有抑制作用。EPA的结论说明低NO_x燃烧器可以控制汞的排放率，循环流化床基本上不能够减少汞排放量[27]。

（1）流化床燃烧　美国EPA的结论认为循环流化床基本上不能够减少汞排放量。但有关的研究认为：流化床燃烧方式在降低NO_x排放的同时可以降低烟气中汞及其他微量重金属的排放，在流化床燃烧器中进行的高氯烟煤（氯含量达到0.42%）燃烧试验中，汞几乎全部被氯化成了$HgCl_2$。给煤中只有4.5%的汞以气态Hg^0的形式逸散到空气中[28]。流化床燃烧方式和低氮燃烧技术有利于增加烟气中氧化态汞的含量，究其原因有以下几个方面：①较长的炉内停留时间致使微颗粒吸附汞的机会增加，对于气态汞的沉降更为有效；②流化床燃烧的操作温度较低，导致烟气中氧化态汞含量的增加，同时抑止了氧化态汞重新转化成Hg；③氯元素的存在大大促进了汞的氧化[27]。

（2）低氮燃烧技术　低氮燃烧技术通常采用降低火焰温度、N_2 浓度和 O_2 浓度的方法来控制 NO_x 的排放，此法由于操作温度较低，增加了烟气中氧化态汞的含量，因此有利于汞的控制。有些低 NO_x 燃烧器的安装可以增加飞灰中的未燃尽碳的含量，而碳含量的增加可以增强飞灰对烟气中汞的吸附作用，达到加强烟气颗粒物除尘装置（ESP 或 FF）对汞的脱除的效果。

（3）炉膛喷入吸附剂　常用的吸附剂为活性炭吸附剂。通过浸渍法负载催化剂 $MgCl_2$、$MoCl_2$ 和 $MnCl_2$ 对活性炭进行改性，发现它们能与活性炭表面的官能团形成具有独特催化性能的配合物，对汞的氧化-化学吸附起到配位催化作用。

（4）添加石灰石　在循环流化床锅炉上进行的汞排放及控制试验，得出以下结论：向燃煤中添加石灰石，可导致烟气中的汞由气态向固态转化，降低气态汞的含量。

6.4.4　燃烧后脱汞技术

（1）烟气除尘设施　静电除尘器在收集颗粒物的过程中，通常只去除颗粒态汞。颗粒态汞通常与未燃尽碳相结合。与飞灰中的未燃尽碳相比，无机组分吸附汞的能力较低。研究发现[29]，未燃尽碳的数量与静电除尘器内汞的去除效率密切相关。图 6-4 表明了静电除尘器对汞的捕集效率是由未燃尽碳的含量决定的。可以看到，静电除尘器所捕获的飞灰中，当有 5% 的未燃尽碳时，汞去除率在 20%～40%。未燃尽碳的含量更高时，其脱汞效率可以高达 80%。

除未燃尽碳含量之外，表面特性、颗粒物的尺寸、多孔特性及其成分等，都可能会影响静电除尘器的脱汞效率。静电除尘效率的提高和细微颗粒及未燃尽碳含量的增加都可能会减少汞排放。其他影响脱汞效率的主要因素包括静电除尘器的温度和燃煤的煤质。通常在使用高氯煤的锅炉，烟气中会产生更多的未燃尽碳，安装静电除尘器可以捕集更多的汞。

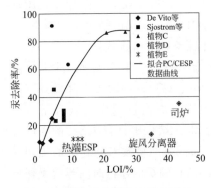

图 6-4　静电除尘器中未燃尽碳的
含量与汞去除率的关系

布袋除尘器比静电除尘器具有更高的脱汞效率，而且能更有效地去除细小颗粒物。它既可以去除颗粒态汞，也可去除气态汞。布袋除尘器过滤过程中，气体与飞灰接触的时间要比在静电除尘器里更长，因此，促进了汞向飞灰上的吸附。此外，布袋除尘器还提供了更好的接触环境，即气态汞通过滤质渗透，而静电除尘是气体通过表面。研究发现[30]，中国的燃煤电厂，静电除尘设施和布袋除尘设施的脱汞效率范围分别是 4%～20% 和 20%～80%。

（2）烟气脱硫设施　对装有烟气脱硫设施

的电厂来说，最有效的除汞策略是强化协同效应除汞。湿法烟气脱硫设施的运行要求在其上游安装颗粒物控制设施。气态氧化汞通常是水溶性的，因此可以有效地被烟气脱硫设施捕集。但是气态零价汞是非水溶性的，因此不能在生料中吸收。在基于钙的湿法烟气脱硫系统，可以捕获90％以上的二价汞。但在一些条件下，二价汞可能会在湿法烟气脱硫中，还原成零价汞，然后再被释放出去。因此，在湿法烟气脱硫中，优化协同效应的策略就是储存该系统的二价汞，以防止汞的再释放。

当二价汞的气体化合物在湿法烟气脱硫系统中，被液体生料吸收时，其溶解物质与烟气中的溶解硫化物（如硫化氢）发生化学反应，生成硫化汞；硫化汞在液体溶剂中以污泥形式出现。据DOE在电厂现场测试，WFGD对烟气中总汞的脱除率在10％～80％范围内[31]。在液体溶剂中缺少充足的硫化物，因此它与亚硫酸盐发生反应，并将二价汞还原成零价汞。当此还原反应发生时，零价汞被传送到烟气中，从而增加了烟气中零价汞的含量。二价汞还原及零价汞的再释放现象，尤其在镁强化的石灰洗涤器中更为突出。这些洗涤器与石灰石系统相比，亚硫酸盐含量更高。此外，生料中的过渡金属在转化反应中非常活跃，可以作为催化剂或反应物，来还原氧化物种。在湿法烟气脱硫中随着液态汞含量的增多，汞的再释放潜力也同时增大。

（3）烟气脱硝设施　选择性催化还原（SCR）技术，旨在通过催化的氮氧化物与氨反应，将其转化为水和氮，从而减少氮氧化物。这一反应是在被放入反应容器的催化剂表面发生的。在一定条件下，SCR催化剂，可以将气态零价汞氧化成二价汞。需要指出的是，SCR本身并不能除汞，而是增加了湿法烟气脱硫上游二价汞的比例，以加强湿法烟气脱硫系统中汞的捕集，从而达到协同除汞的效果。

SCR催化剂对零价汞的转化效率主要取决于煤的氯含量、处理气体所需的催化剂、选择性催化还原反应、氨的浓度及其在烟气中的分布、催化剂的已使用年限等。使用烟煤要比亚烟煤生成更多的二价汞，在燃用亚烟煤时，使用SCR将零价汞生成二价汞，是受到物质总量平衡因素的影响，而不是动力学因素。因此，要想在燃用低质煤的锅炉，通过使用SCR将零价汞转化为二价汞，除了需改变氮氧化物的控制参数之外，还必须改变烟气中的化学成分，或降低催化剂温度。因此，通过适当的混合煤，可以优化选择性催化还原的协同效应。选择性催化还原反应可使氧化汞的数量提高到85％，从而提高湿法烟气脱硫的汞捕获率[32]。

（4）污控设施组合的协同脱汞效果　协同控制技术包括对汞具有协同脱除效果的颗粒物、二氧化硫、氮氧化物控制技术。我国广泛采用湿法烟气脱硫技术，该技术对气态二价汞具有很强的协同脱除效果，这是我国在汞排放控制方面的一项优势[1]。对"十一五"期间我国燃煤电厂二氧化硫控制措施[2]的协同控制效果进行评估，2010年我国燃煤电厂的大气汞排放基本与2005年持平，控硫措施的协同脱汞效果（42t）抵消了电力需求增长带来的汞排放[3]。对"大气十条"的效果评估结果表明，除尘设施的升级、湿法脱硫设施比例的提高以及选择性催化还原脱硝设施比例的提高将为燃煤电厂分别贡献6.6吨、8.0吨和2.8吨的大气汞减排。这三项措施对燃煤工业锅炉部门的协同脱汞效果则分别为 12.0 吨、5.2 吨和 0.3 吨。污染控制设备组合的脱汞效率如表 6-3、表 6-4 所示。

强化协同控制技术。强化协同控制技术指通过添加某些化学物质强化常规污染物控制技术的协同脱汞效果。卤素添加技术可增加烟气的氧化性，使更多零价汞向二价汞转化，从而加强湿法脱硫设施对汞的捕集[4]。卤素添加技术对选择性催化还原脱硝设施内零价汞催化氧化过程的促进效果尤为显著，因此，其与脱硫脱硝设施的联合使用将极大地提高协同脱汞效果。卤素添加技术是一项成本较低的汞控制技术，目前主要的瓶颈在于缺乏对于该技术二次环境影响的评估。另一项强化协同控制技术为脱硫稳定化技术，该技术可降低脱硫浆液中二价汞的还原再释放，从而强化湿法脱硫设施的协同控制效果。

表 6-3　普通使用的污染控制设备组合的脱汞效率信息[10]

污染控制设备组合	现场测试数目	脱汞效率/%		
		P_{10}	P_{50}	P_{90}
PC+ESP	63	7	26	56
PC+ESP+WFGD	19	39	65	84
PC+FF	10	53	76	91
SF+WS	8	10	23	40

注：PC 表示煤粉炉；SF 表示层燃炉；ESP 表示静电除尘器；FF 表示布袋除尘器；WFGD 表示湿法烟气脱硫；WS 表示湿式除尘器。

表 6-4　污染控制设备组合的平均脱汞效率[10]

污染控制设备组合	平均脱汞效率/%	测试数目
PC+SCR+ESP+WFGD	69	4
PC+FF+WFGD	86	3
PC+SCR+FF+WFGD	93	2
SF+IMS	38	2
SF+FF+WFGD	86	3
CFB+ESP	74	3
CFB+FF	86	3

注：CFB 表示循环流化床锅炉；IMS 表示麻石水膜除尘脱硫一体化设备；SCR 表示选择性催化还原脱硝；其他含义同表 1。

选择并采用 BAT/BEP 主要有以下几个步骤[34]：掌握排放源的基本信息、识别排放源可能采用的技术类型、选取技术上可行的控制措施、确定最为行之有效的技术方案、综合考虑控制成本及技术有效性。关于 BAT/BEP 决策模型的研究确定了影响 BAT/BEP 是否被采用的六项决定性因素：煤种、煤中汞的形态、现有的颗粒物控制装置、现有的二氧化硫控制设备、现有的氮氧化物控制装置、脱汞效率的要求。

燃煤电厂除尘、脱硫和脱硝等环保设施对汞的脱除效果明显，大部分电厂都可以达标。对于个别燃烧高汞煤、汞排放超标的电厂，可以采用单项脱汞技术。湿式电除尘器安装在脱硫设备后，可有效去除烟尘及湿法脱硫产生的次生颗粒物，并能协同脱除 SO_3、汞及其化合物。电袋协同脱汞技术是以改性活性炭等作为活性吸附剂脱除汞及其化合物的前沿技术，其气态汞脱除效率可达 90% 以上。活性焦脱硫技术同时具有脱硝、脱汞等功能，对环境二次污染小。脱硝催化剂改进技术可改变催化剂配方，提高零价汞的氧化率，结合湿法脱硫装置的洗涤除汞功能，实现汞的协同脱除[35]。

（5）燃煤烟气硫硝汞联合脱除及副产物资源化技术

① 技术原理。根据 N_2O_3 可溶于碱性溶液的原理，通过自研的催化剂在低浓度的硝酸中催化氧化烟气中 50% 的 NO，创造比例为 1:1 左右 NO 和 NO_2 混合生成 N_2O_3 条件，利用氨等碱液吸收脱除 NO_x，副产物硝酸铵通过氢氧化钙等钝化生成硝酸铵钙农肥产品。脱硫则通过自研稀土催化剂的氧化液与烟气中的二氧化硫反应生成稀硫酸，经浓缩提纯为硫酸产品。同时在脱硫段，由于吸收液和催化剂的氧化性可将烟气中的零价汞氧化为二价汞并将其在该段内吸收脱除，实现脱硫脱硝和脱汞在同一个塔内一体化脱除。

② 使用范围。该工艺技术中的 NO 的催化氧化不受烟气中其他成分和浓度的影响，因而能够适用不同氮氧化物浓度、成分的燃煤锅炉、工业锅炉、窑炉等烟气污染物的治理。

③ 创新点。研发了烟气氮氧化物匹配耦合技术，利用催化作用下低浓度硝酸氧化烟气中 NO 工艺，能够自动控制将烟气中不同浓度（尤其是高浓度）氮氧化物中部分 NO 氧化，实现氧化后的 NO/NO_2 摩尔比在 1:1 左右。以此为基础开发了烟气多污染物的高效吸收设备，能增强气液接触，实现 SO_2、NO_x、Hg 等被吸收液的高效吸收反应脱除，可实现对 SO_2 去除率大于 98%，对 NO_x 去除率大于 80%，对气态 Hg 去除率大于 80%。

④ 技术成熟度。已经在玻璃窑炉烟气治理方面建立了一套处理量为 $12 \times 10^4 m^3/h$ 的示范工程。图 6-5 为示范工程总体概况图。

（6）造纸白泥脱硫脱汞及副产物资源化关键技术

① 技术原理。造纸白泥除 $CaCO_3$ 含量较高外，还含有脱硫的有效成分 NaOH、Ca(OH)$_2$

图 6-5　示范工程总体概况

和 Mg(OH)$_2$，可以满足脱硫的要求。不增加烟气系统设备，只需要在脱硫系统上进行工艺技术改造，将原有的亚硫酸钙氧化设备增加副产物的分离，提取高氯的可燃烧成分，提高石膏的品位；同时增加高氯物质的输送，将含氯成分高温燃烧，将烟气中的零价汞转化成为可溶于水的二价汞，最终通过湿法喷淋系统将烟气中的汞去除。

② 创新点。以固废白泥替代石灰石，可以减少破坏环境的石灰石开采，同时减少造纸行业固体废物的排放，促进以废治废的资源化环保技术的开发。通过本项技术研究成果，不但可以节约湿法烟气脱硫的生产成本，同时还可以减少其他行业固体废物的排放，创造巨大的经济效益及社会效益。

③ 应用行业。该技术适用于造纸行业附近的工业锅炉和窑炉的脱硫脱汞治理。

④ 技术成熟度。在广州肇庆电厂350MW锅炉机组烟气处理系统中建立了利用白泥脱硫脱汞的示范工程，白泥处理量约6.5万吨/年，系统脱硫效率达到99%以上，脱汞效率可达75%以上，石膏纯度大于85%。图6-6为现场白泥制浆系统。

图6-6　白泥制浆系统

（7）高浓度有机废物与硫硝汞协同减排技术与装备

① 技术原理。通过将现有成熟的氨催化氧化技术与氨法脱硫工艺耦合，利用氨催化氧化法制备NO$_2$，通过向烟气中添加配比NO$_2$的方式结合碱性氨水吸收将NO$_x$和SO$_2$协同脱除；同时配比的NO$_2$可将烟气中的零价汞氧化为二价汞，在氨吸收阶段协同脱除。在吸收塔内氨水分别与气体中的SO$_2$和NO$_x$反应生成亚硫酸铵、硝酸铵和亚硝酸铵等副产物，通过氧化单元将其中的亚硝酸盐氧化为硝酸盐，再经过分离回收系统得到副产物成品硫酸铵和硝酸铵等副产品。

② 创新点。工艺采用配比NO$_2$的方式实现SO$_2$、NO$_x$和Hg在氨吸收塔内同时协同脱除，工艺简单，占地面积小，综合能耗低。

③ 应用行业。该技术适用于燃煤工业锅炉、窑炉的烟气脱硫脱硝脱汞治理。

④ 技术成熟度。该技术目前已经在2t/h的实验锅炉上开展完成了中试实验，实验结果显示脱硫效率可达98%以上；脱硝效率可达到85%；脱重金属效率可达

85％以上。目前正在秦皇岛市的 65t/h 工业锅炉上开展示范工程建设。

（8）高浓度有机废物与硫硝汞协同减排技术与装备

① 技术原理。利用高浓度有机废物中氨氮等有机物还原 NO_x 生成氮气和水，在合适的温度段将烟气中的 NO_x 还原脱除；利用高浓度有机废物中氯、氰等物质协同脱汞，生成 $HgCl_2$ 等，经除尘、脱硫捕集或混作水泥的原料，实现高浓度有机废物和汞的协同减排及资源化。

② 创新点。开发了高浓度有机废物热解扩散混合技术，可使高浓度有机废物通过热解扩散，充分与烟气混合均匀，使得热解生成的还原性物质与 NO_x 和 Hg 有效反应。

③ 应用行业。可适用于燃煤工业锅炉、窑炉的脱硝脱汞治理。

④ 技术成熟度。在青海某 2500t/d 的水泥窑上开展了工程示范，初步调试结果表明脱硝效果良好，可以保证水泥窑烟气稳定达标。

参 考 文 献

[1] 张磊，王书肖，惠霖霖，郝吉明. 我国燃煤部门履行《关于汞的水俣公约》的对策建议. 环境化学，2016，44（22）：38-42.

[2] 中华人民共和国国家发展和改革委员会，国家环境保护总局. 现有燃煤电厂二氧化硫治理"十一五"规划 [R]. 北京：国家发展和改革委员会，2007.

[3] Wu Q R，Wang S X，Li G L，Liang S，Lin C J，Wang Y F，et al. Temporal trend and spatial distribution of speciated atmospheric mercury emissions in China during 1978-2014. Environ Sci Technol，2016，50(24)：13428-13435.

[4] Vosteen B W，Lindau L. Bromine based mercury abatement-promising results from further full scale testing [C]. MEC3 Conference. Katowice，Poland，2006.

[5] http://guba.eastmoney.com/news，600292，79729756.html.

[6] 王莉艳. 从环境保护谈汞的用途及汞污染的防治[J]. 重庆广播电视大学学报，2001，4：46-48.

[7] 中国电力企业联合会. 中国电力行业年度发展报告 2016[M]. 北京：中国电力出版社，2016.

[8] 张建宇，潘荔，杨帆，等. 中国燃煤电厂大气污染物控制现状分析[J]. 环境工程技术学报，2011，1(3)：185-196.

[9] 中国电力企业联合会报告.

[10] 惠霖霖，张磊，王书肖，等. 中国燃煤部门大气汞排放协同控制效果评估及未来预测[J]. 环境科学学报，2017，37(1)：11-22.

[11] 王磊，王李娟. 我国燃煤电厂汞污染防治现状及建议[J]. 环境科学与技术，2014，(2)：285-289，294.

[12] 张运洲，程路. 中国电力"十三五"及中长期发展的重大问题研究[J]. 中国电力，2015，48(1)，1-5.

[13] 中国电力企业联合会发布 2015 年度火电厂环保产业信息.

[14] 马国强，刘瑞梁，郑鹏，等. 燃煤锅炉烟气脱硫自主创新项目管理[J]. 项目管理技术，2012，5：21-24.

[15] 中电联火电厂环保产业登记结果.

[16] 陈铭，张海军，刘晓东. 燃煤电厂全负荷脱硝技术的应用[J]. 广东电力，2017，(9)：22-27.

[17] 中国电力企业联合会. 中国电力行业年度发展报告 2016.

[18] 锅炉大气污染物排放标准编制说明(征求意见稿).

[19] 王中伟，管坚，常勇强，等. 中国工业锅炉能效测试与评价能力建设进展[J]. 中国特种设备安全，2015，

(9)：9-13.

[20]《工业污染源产排污系数手册》2010年修订版.

[21] 王书肖，张磊. 燃煤电厂大气汞排放控制的必要性与防治技术分析[J]. 环境保护，2012，9：31-33.

[22] 冯新斌，洪业汤，洪冰，等. 煤中汞的赋存状态研究[J]. 矿物岩石地球化学通报，2001，2：77-78.

[23] 刘清才，高威，鹿存房，等. 燃煤电厂脱汞技术研究与发展[J]. 煤气与热力，2009，29(3)：06-09.

[24] 许月阳，薛建明，王宏亮，等. 火电厂汞污染控制对策探讨[J]. 中国电力，2013，46(3)：91-94.

[25] 陶叶. 燃煤火电机组烟气脱汞工艺中卤族元素的影响[C]// 中国电机工程学会年会，2011.

[26] 赵毅，于欢欢，贾吉林，等. 烟气脱汞技术研究进展[J]. 中国电力，2006，39(12)：59-62.

[27] 赖敏. 燃煤电厂污染控制技术——我国火电行业汞排放分析及控制对策[J]. 四川环境，2013，1：119-128.

[28] Liu K L, Gao Y, Riley J T, et al. An investigation of mercury emission from FBC systems fired with high-chlorine coals[J]. Energy & Fuels, 2001, 15(5)：1173-1180.

[29] 刘珺，薛建明，许月阳，等. 燃煤电厂静电除尘器协同控制汞排放[J]. 环境工程学报，2014，8(11)：4853-4857.

[30] 王运军，段钰锋，杨立国，等. 燃煤电站布袋除尘器和静电除尘器脱汞性能比较[J]. 燃料化学学报，2008，36(1)：23-29.

[31] Chang R, Hargrove B, Garey T，et al. Power plant mercury control options and issues[C] // Proc POWER-CEN'96 International Conference. Orlando, Fla, Dec, 1996, 4-6.

[32] 周立荣，高春波. 我国燃煤锅炉汞减排工艺措施探讨[J]. 中国环保产业，2013，11：52-58.

[33] 邓雨生，崔健，郑文凯，段伦博. 混燃石油焦 CFB 锅炉汞排放特性研究. 热能动力工程. 2018，33(4)：76-88.

[34] 张磊，王书肖，惠霖霖，郝吉明. 我国燃煤部门履行《关于汞的水俣公约》的对策建议. 环境化学，2016，44(22)：38-42.

[35] HJ 2301—2017.

第7章

有色金属冶炼汞污染控制技术

7.1 有色金属冶炼行业现状

我国有色金属冶炼行业具有规模不大、企业众多、工艺复杂、布局较为分散、原料成分差异大、重金属污染物的排放环节多、污染物形态不同、对环境污染程度不同等特点。有色金属冶炼行业是中国大气汞排放的主要人为源之一。据估算，该行业排放中国 17%～46% 的大气汞。随着国民经济的快速发展，有色金属产量也在不断增加（图 7-1）。产量的快速增加，必将进一步增加中国有色金属冶炼行业大气汞的减排压力。

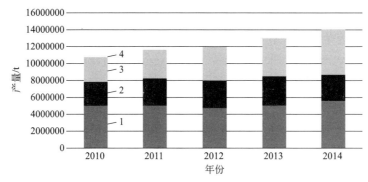

图 7-1 2010～2014 年有色金属产量变化趋势
1—锌；2—铅；3—铅；4—工业黄金

汞通常与铜、锌、铅、镍等重金属伴生在硫化矿中，在这些矿产的开采和冶炼过程中将会释放出来[1]。有色金属冶炼行业汞排放主要集中在锌、铅和铜的冶炼。根据 Hylander 等[2]的计算，2003 年中国有色金属冶炼气态汞排放量为 320.5t，占全国汞排放量的 46%。其中锌冶炼汞排放量为 187.6t、铅冶炼汞排放量为 70.7t、铜冶炼汞排放量为 17.6t，分别占全国总汞排放量的 27%、10.7%、2.7%。而且在 1995～2003 年期间，有色金属冶炼大气汞排放量以平均每年 4.2% 的速度增长。

7.1.1　锌冶炼行业现状

近 20 年来，我国的锌产量迅速增长，在"十一五"期间保持了稳定的增长速度[3]。如图 7-2 所示，2010 年矿产锌产量约 503.36×10^4 t，是近年来锌冶炼能力增加最少的一年。尽管新增产能不多，但是 2009 年投产的 66×10^4 t 产能却在 2010 年进行了充分释放，导致 2010 年的锌金属产量增幅为 5 年来最大。全年的生产水平整体迈上一个新台阶。其中内蒙古、湖南、云南、广西、陕西等主要生产地区都保持了两位数以上的增幅[4]。但是在 2012 年后半年，我国的锌产量出现了罕见的减产现象，主要生产地四川、辽宁、广西、河南、云南的产量大幅下降[5]。四川西昌合力锌厂曾在 6 月份起停产近半年、汉源俊磊锌业缩减全年产量，辽宁的葫芦岛锌厂在巨额亏损的影响下，仅维持 70% 的开工率。2013 年上半年，锌产量开始增加但是增速放慢[6]，2014 年我国矿产锌产量 559.40×10^4 t，2014 年年初，锌价相对较低，冶炼厂大多进行检修，6 月份锌价开始上涨，且现货升水也一直保持高位，冶炼厂生产积极性提高，直到年底一直保持较高的生产率。云南、内蒙古、陕西、广西、四川等地区增幅较大[7]。总体观之，我国的矿产锌产量保持稳步的增长，但是由于市场价格和市场需求的变化，锌产量的增长幅度出现不同程度的变化（如图 7-3 所示）。

2010～2014 年矿产锌冶炼整体产能分布变化很小，主要集中在湖南、云南、陕西、广西、内蒙古、河南等地区，这些产量分布在全国 18 个省市自治区（其中 2011 年为 19 个，因为当年重庆市有矿产锌产量，但是之后几年该市无锌冶炼产量）。

图 7-2　2010～2014 年矿产锌产量变化

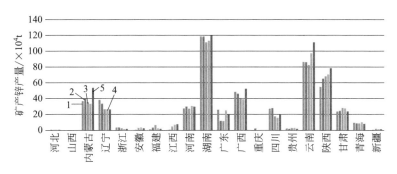

图 7-3　2010~2014 年各地区矿产锌产量变化
1—2010 年；2—2011 年；3—2013 年；4—2013 年；5—2014 年

7.1.2　铅冶炼行业现状

近年来，我国精铅产量稳步增长，10 年间平均递增 14.9%，铅产量占全球总量的比例从 1996 年的 12% 增长到 2005 年的 31%，我国已成为全球铅生产、消费中心，铅产量和消费量连续多年位居世界第一[8,9]。如图 7-4 所示，2010 年我国矿产铅产量为 279.40×10^4 t，2010 年矿山整体生产活跃[4]，首先，2010 年铅价总体好于预期，刺激了矿山生产的积极性；其次，下游冶炼厂需求量有增无减；再次，白银价格的上涨起到助推效应（铅精矿中多含白银且一般均计价）；最后，国内外铅精矿加工费普遍较低，矿山利润空间大。2014 年矿产铅产量为 308.21×10^4 t，铅精矿生产呈现放缓趋势，原因是由于 2014 年国内铅价低于上年，导致铅精矿价格受到拖累，矿山企业的利润空间收窄，生产积极性受到抑制。另外国内部分地区对矿山安全生产、整顿关闭的管理力度加强，主要涉及云南、湖南等省，在一定程度上影响矿山企业的开工情况[7]。

图 7-4　2010~2014 年全国铅产量变化趋势

如图 7-5 所示，2010~2014 年我国铅冶炼产量分配比较集中，主要在河南、湖南、云南三个省份，此产能结构 5 年来未发生改变。2010 年铅冶炼企业分布全国 17 个省市自治区，2014 年为 15 个，较 2010 年主要减少的省市为重庆、贵州，较 2013 年减少为河北、山西。

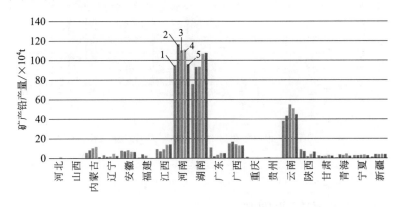

图 7-5　2010～2014 年各地区矿产铅产量变化

1—2010 年；2—2011 年；3—2012 年；4—2013 年；5—2014 年

7.1.3　铜冶炼行业现状

目前我国的精炼铜产量已经从 20 世纪 80 年代的 100 多万吨逐渐提升，但是铜消费需求在一定程度上还是依赖进口资源。这是由于我国铜工业存在的工艺落后、高污染和高能耗等问题制约了其发展[10]。如图 7-6 所示，2010 年我国矿产铜产量为 292.07×10⁴t。因铜冶炼产能的持续扩张以及冶炼厂加大对废杂铜的回收利用，矿产铜产量继续保持稳定增长，其中江西铜业和铜陵有色的产量增加最为明显，成为 2010 年国内精铜产量的主要贡献者[4]。2010～2014 年矿产铜产量保持持续增长趋势。2014 年矿产铜产量为 538.61×10⁴t。2014 年国内铜粗炼和精炼产能持续扩张，其中金川集团 40×10⁴t "双闪" 项目于 2014 年投产，远东铜业、中条山等企业的改扩建项目均在 2014 年投产[7]。

图 7-6　2010～2014 年矿产铜产量变化趋势

相对铅锌冶炼，铜冶炼产量分布变化稍大，如图 7-7 所示，2010～2014 年铜冶炼产量逐渐增加，尤其在 2013～2014 年，主要铜冶炼产量大省山东、安徽产量增长较大，同时铜冶炼全国产量分布较为分散，2010 年产量分布在全国 24 个省市自治区，2013 年开始至 2014 年分布在全国 23 个省市自治区。

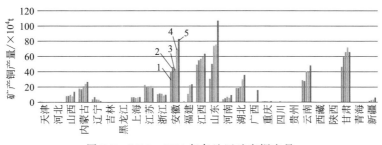

图 7-7 2010～2014 年各地区矿产铜产量
1—2010 年；2—2011 年；3—2012 年；4—2013 年；5—2014 年

7.1.4 工业黄金冶炼行业现状

2010～2014 年矿产金产量变化趋势如图 7-8 所示。

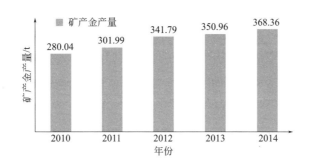

图 7-8 2010～2014 年矿产金产量变化趋势

据中国黄金协会统计[11]，2010 年我国黄金产量为 340.8t，其中黄金矿产金 280.04t，有色副产金 60.84t。2010 年中国黄金产业结构继续调整和优化，通过对一批小企业实行关停并转，黄金生产企业从 2002 年的 1200 多家下降到 700 多家，行业"小而散"的局面有所改变，黄金行业骨干企业采选冶加工全产业链发展趋势明显。矿产金产量最多的是山东省，其次为河南省，这两个省的矿产金产量占全国矿产金的 46.81%，部分小矿山生产的矿产金未计入分省产量，这部分产量约为 45.952t。

2014 年，国内黄金供应继续短缺，2014 年中国黄金产量 451.8t，其中矿产金产量 368.36t，有色副产金产量 83.44t，增幅较 2013 年下降 0.71 个百分点，再创历史新高，连续 8 年位居世界第一[12]。2014 年我国有矿产金生产的地区 25 个，我国矿产金第一大生产大省为山东，之后是河南、内蒙古、陕西，这四个地区矿产金产量都超过了 20t，四地区矿产金产量占据了全国的 40.65%，另有 76.54t 来自小型矿山，尚未计入各地区统计标数之内，约占总产量的 20.79%。

2010 年和 2014 年各地区矿产金产量如图 7-9 所示。

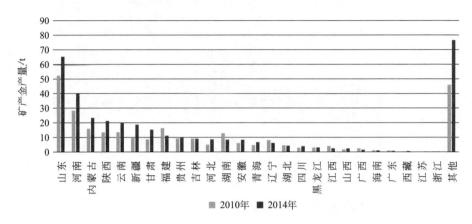

图 7-9　2010 年和 2014 年各地区矿产金产量

7.2 典型生产工艺及产污环节

7.2.1　锌冶炼典型冶炼工艺产污节点

就生产工艺而言，锌冶炼的过程是有价金属的回收过程，也是汞污染比较严重的有色金属冶炼过程。目前锌冶炼主要采用火法和湿法。按照前期调研数据，我国主要是火法和湿法，火法主要为竖罐炼锌，湿法主要为焙烧浸出湿法炼锌。在火法炼锌过程中（含沸腾焙烧），99%的汞将进入烟气，部分企业采用先进的脱汞和回收装置，否则汞将进入产品硫酸中或排放进入大气；在全湿法炼锌过程中，汞将进入浸出渣中[13]。

（1）火法炼锌——竖罐炼锌　在高于锌沸点的温度下，在竖井式蒸馏罐内，用碳作还原剂还原氧化锌矿物的球团，反应产生的锌蒸气经冷凝成为液体金属锌。竖罐炼锌的工艺由硫化锌精矿氧化焙烧、焙砂制团和竖罐蒸馏三部分组成，竖罐炼锌工艺流程及产污节点如图 7-10 所示。

（2）湿法炼锌　湿法炼锌先把锌精矿进行焙烧，然后用酸性溶液从氧化锌焙砂中浸出锌，再用电解沉积技术从锌浸出液中提出金属锌。该工艺包括硫化锌精矿焙烧、锌焙砂浸出、浸出液净化除杂质和锌电解沉积四个主要工序，工艺流程及产污节点如图 7-11 所示。

锌精矿
沸腾焙烧
重力收尘
电收尘
烟气
(送制酸)
二次焙烧
镉尘高温尘
焙烧矿
返物料
胶黏剂
还原煤
混合配料
二次矿
综合利用
碾磨制团
干团矿
废气
焦结炉
焦结团矿
竖罐蒸馏
蒸馏废气
煤气
粗锌
蒸馏残渣
锌蒸馏
粗锌粗铅

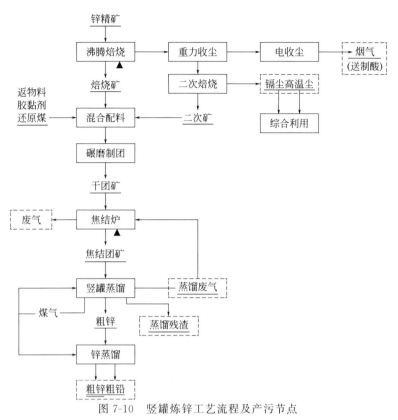

图 7-10　竖罐炼锌工艺流程及产污节点

锌精矿
干燥
烟气
(送制酸)
沸腾焙烧
焙砂
中性浸出
底流
浓密
酸性浸出
浸出液
(返中性浸出)
净化
浸出渣
废电解液
(返中性浸出)
电积
回转窑挥发
烟气
熔铸
氧化锌
(送浸出)
窑渣
(送渣场)
锌锭

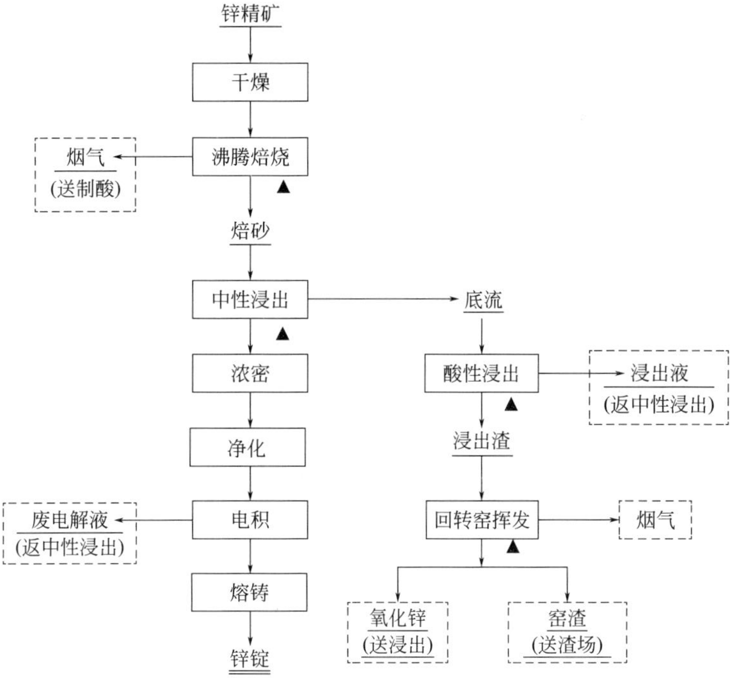

图 7-11　湿法炼锌工艺流程及产污节点

7.2.2 铅冶炼典型冶炼工艺产污节点

铅冶炼主要是火法冶炼，火法冶炼分为传统法和直接炼铅法，按照已调研情况，我国主要是直接炼铅法[14]，即氧气底吹直接炼铅法。氧气底吹反应炉为圆筒形卧式转炉，熔池用隔墙分为氧化熔炼段和还原澄清段两部分，工艺流程及产污节点如图7-12所示。

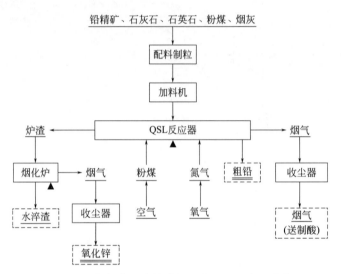

图 7-12　氧气底吹直接炼铅工艺流程及产污节点

铅冶炼过程中，烧结、鼓风炉熔炼或直接熔炼、粗铅初步火法精炼、阴极铅精炼铸锭、硅氟酸制备、鼓风炉渣处理、各类中间产物（如铜浮渣）的处理、烧结烟尘及鼓风炉烟尘综合回收等工序均有废气产生。废气主要包括粉尘、烟尘和烟气，烟粉尘主要污染物为铅、锌、砷、镉、汞等重金属及其氧化物，烟气主要污染物有 SO_2、CO 等。各工序收尘器所收烟尘均返回生产流程用于金属回收。铅冶炼过程释放的汞主要来自铅精矿。在熔炼过程中，铅精矿中的汞绝大部分都会进入熔炼烟气中，进入熔炼烟气中的汞，在后续的烟气处理过程又会进入到收尘、污酸和硫酸等介质中。

7.2.3 铜冶炼典型冶炼工艺产污节点[15]

铜的冶炼工艺一般分为火法和湿法两种。火法冶炼是生产铜的主要方法，目前世界上约80%的铜是用火法冶炼生产的。我国90%以上的铜是用火法冶炼出来的。特别是硫化铜矿，可选性好，易于富集，选矿后产出的铜精矿基本上全是用火法处理。火法处理的优点是适应性强，冶炼速度快，能充分利用硫化矿中的硫，能耗低，特别适于处理硫化铜矿和富氧化矿。我国火法炼铜生产过程一般由备料、熔炼、吹炼、火法精炼、电解精炼工序组成，最终产品为精炼铜（电解铜）[16]。工艺流程及产污节点如图 7-13 所示。另外 20% 左右的铜是用湿法提取的。该法是用溶剂浸出矿石或焙烧矿中的铜，然后采用萃取-电积发生产阴极铜。对氧化铜矿和自然铜矿，大多数工厂用溶剂直接浸出；对硫化矿，一般先经焙烧，而后浸出。

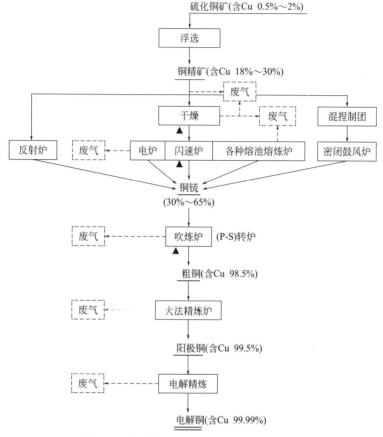

图 7-13　硫化铜矿火法冶炼流程及产污节点

　　铜冶炼过程释放的汞主要来自铜精矿。在熔炼过程中，铜精矿中的汞绝大部分都会进入渣选尾矿和熔炼烟气中，进入熔炼烟气中的汞，在后续的烟气处理过程又会进入收尘、污酸和硫酸等介质中。

7.2.4　工业黄金冶炼典型冶炼工艺产污节点

　　氰化提金是黄金生产企业提金的主流工艺，在生产过程中会产生大量的含氰废水和含氰废渣。在黄金冶炼过程中，因金矿中含硫、砷等成分，会形成大量的含硫、砷等的废气和废液[17]。黄金冶炼过程中产污节点如图 7-14 所示。

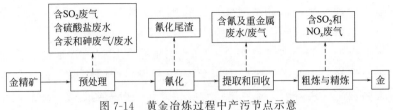

图 7-14　黄金冶炼过程中产污节点示意

黄金冶炼过程中产生的废水主要含有氰化物、重金属离子硫酸盐、汞及砷等污染物，废水产生量较大、成分复杂，处理较为困难。

黄金冶炼的废气主要来源于金精矿的焙烧预处理和金泥精炼 2 个过程单元，其中焙烧预处理主要产生颗粒物、SO_2、As_2O_3 和 Hg 等废气，金泥精炼主要产生 NO_x 和 SO_2 等废气。

黄金生产过程中产生的固体废渣主要有选矿尾矿和氰化尾渣，其中，氰化尾渣是金精矿经过氰化浸出作业压滤后得到的尾渣，由于目前氰化工艺的限制使氰化尾渣中尚有大量可回收资源，包括金、银、铜、铅、锌、锑、钨和硫等。

焙烧氰化法是处理含金硫化矿，特别是含碳、含砷、含铜等难氰化硫化矿最通用的可靠方法。焙烧氰化法采用高温焙烧预处理方法，使汞在加热条件下发生形态转化，进入整个流程（以二段焙烧氰化法为例，见图 7-15）。目前我国对金矿开采加工过程中伴生汞的排放研究很少，缺乏汞排放相关测试研究数据。

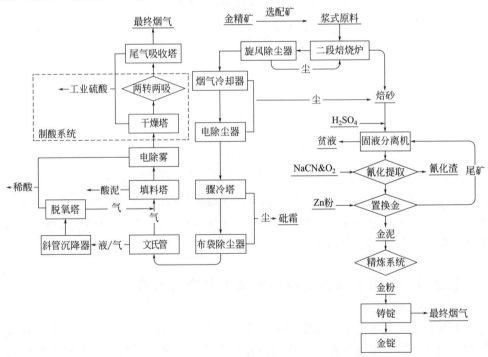

图 7-15　典型二段焙烧冶炼工艺流程及汞排放节点

由于有色金属冶炼采用的工艺、原材料不同，烟气成分及浓度也不尽相同，排放要求也有差异，因此选择的去除有色金属冶炼烟气中汞的方法也各种各样。目前有色金属冶炼烟气除汞的方法主要分为三类：冷凝法、吸附法和吸收法[18]。

7.3.1 冷凝法

汞的蒸气压随温度变化而变化显著，比如在200℃时汞的饱和蒸气压是20℃时的9000倍。一般有色金属冶炼焙烧烟气的温度很高，有时能够达到上千摄氏度，而通常在烟气进入净化装置前，需要先将烟气温度降至装置能够承受的水平。因此，可以利用降温过程使汞的蒸气压下降，汞蒸气在低温下发生冷凝，以此对其进行去除和回收。

用冷凝法从冶炼烟气中回收汞，一般是在除尘器至电除雾之间安装特定的冷凝器使烟气冷却，工业上多利用冷水循环的方法冷却，利用汞饱和蒸气压与温度的关系将其中的汞进行集中冷却，达到分离并回收汞的目的。冷凝法一般设置两级冷却塔，第一冷却塔去除汞约20%，烟气温度降至60℃左右，烟气汞浓度大于200mg/m³。第二洗涤冷却塔除汞率约为65%，因此冷凝法总汞回收率在85%以上。冷凝法即可实现烟气汞的去除和有效回收。但是该方法的缺点在于，有色金属冶炼烟气含汞浓度高，且烟气量大，冷凝法的总汞去除效率偏低。若想要使冷凝法的除汞效率达到去除预期，需要将烟气温度降至0℃甚至更低，因此带来的能耗问题使得其在工业上实现的可行性很低。因此，该法通常仅作为汞的预去除方法，与后续的除汞技术结合使用。

7.3.2 吸附法

冶炼过程中产生的烟气经过冷却并通过除尘装置后，如果烟气温度为30℃，根据汞饱和蒸气压可知，即便经过冷凝法预除汞，烟气中的汞含量仍可能约有30mg/m³。此时利用吸附法对其进行捕集回收是一个可行的办法。目前研究和应用的烟气汞吸附剂主要有活性炭、硫改性矿物类吸附剂、改性飞灰、金属氧化物吸附剂和钙基吸附剂等，但由于活性炭法成本过高，难于工业化，其他廉价吸附剂的吸附容量有限，不适用于高浓度的含汞烟气净化。当前应用于有色金属冶炼烟气高浓度汞的吸附法主要有：硒过滤器吸附法、碳过滤器吸附法和多硫化钠法。

（1）硒过滤器吸附法　硒过滤器的过滤元件是经硒浸泡过的、多孔的载体。

含汞烟气经过除尘和干燥后进入被引入吸附塔，与硒过滤器进行接触，利用硒与汞的亲和性达到吸附脱汞的目的。硒过滤器的捕集效率约为90%，有时也可达到更高[19]。吸附饱和后过滤器可以作为原料回收汞。这种过滤器结构比较简单，可以连续高效吸附汞，汞吸附量可达过滤器的10%～15%。该过滤器的缺点是对水分比较敏感，当水蒸气在其中凝结时，吸附效率会降低。而且出口烟气汞浓度的理论值受到HgSe的平衡蒸气压限制，因此在使用硒过滤器法时应先采取措施降低烟气的相对湿度，且增长接触时间[20]。硒吸附法具有较好的技术应用性，但需要进一步研究，对过滤器进行改进。

（2）碳过滤器吸附法　碳过滤器与硒过滤器比较类似，过滤元件为活性炭。在使用之前，所用的炭必须经活化处理，其方法是将纯SO_2气体引入碳过滤器中，直到不再放热为止。然后将含汞烟气从干燥塔中通过碳过滤器。由于汞在被吸附时会释放大量的热，因此必须防止烟气中SO_2含量发生急剧的波动，否则在碳过滤器中会出现温度过高的危险。碳过滤器的正常操作温度大约可比进气温度高10℃，但最高不能超过50℃。

（3）多硫化钠法　多硫化钠法是采用多硫化钠（Na_2S_x）液浸泡的焦炭作为吸附剂除汞[21]。其原理是在净化系统中，含汞烟气中酸性气体（SO_2、CO_2）与多硫化钠反应，生成活性硫和硫化氢，而生成的硫和硫化氢继续与汞反应生成硫化汞。

利用多硫化钠法除汞的去除效率高。但是烟气中SO_2浓度过高时会产生大量单质硫而引起吸附器堵塞，缩短其使用寿命。

综合以上吸附过滤法，采用吸附法去除冶炼烟气汞一般适用于汞浓度较低、相对干洁、湿度较低的情况，当有色金属冶炼烟气含汞浓度较高时，处理后难以达标排放。该类方法由于汞吸附容量有限、过滤器易中毒、能耗较大、吸附材料再生困难等缺点，目前已经很少应用在有色金属冶炼烟气汞治理中。

7.3.3　吸收法

吸收法是目前烟气气态污染物净化常采用的方法，适用于有色金属冶炼烟气汞去除的吸收法主要有如下几种。

（1）氯化汞吸收法　在有色金属冶炼烟气的除汞方法中，应用比较多的是由挪威锌公司与瑞典波利顿公司联合开发的氯化汞吸收除汞法，又称为波利顿-挪威锌除汞法[22]。该法将有色烟气经过降温、除尘、除雾等工序后引入洗涤塔中，然后利用酸性氯化汞作为吸收液对烟气中的Hg^0进行吸收，生成不溶于水的氯化亚汞沉淀。一部分氯化亚汞可以直接作为产品销售，而另外一部分氯化亚汞则可以用氯气进行氯化，生成氯化汞络合物重新补充到吸收液中进行循环利用。工艺主要涉及的化学反应如下[23]：

吸收反应：$2HgCl_n^{2-n} + 2Hg^0 \rule{1.5em}{0.4pt} 2Hg_2Cl_2 \downarrow + (n-2)\,Cl^-$　　　　　　(7-1)

氯化反应：

$$Hg_2Cl_2 + Cl_2 \Longrightarrow 2HgCl_2 \tag{7-2}$$

$$HgCl_2 + (n-2)Cl^- \Longrightarrow HgCl_n^{2-n} \tag{7-3}$$

氯化汞吸收工艺可以达到 99% 左右的除汞效率，尾气中的汞浓度可以控制在 $0.15 \sim 0.2 mg/m^3$，在全球 40 多家企业得到了应用。但是该技术的应用仍然存在一些问题有待解决：内在的吸收机理并不清楚；氯化汞主要在溶液中，而 Hg^0 几乎全部是气态，中间存在较大的传质阻力；有色金属冶炼烟气中一般含有高浓度 SO_2，会将氯化汞溶液中的 Hg^{2+} 还原成 Hg^0 回到烟气中，从而降低除汞效率；处理后烟气中汞浓度仍然高于现有的排放标准。

由于该法已经有相当的应用基础，且被认为是最具应用潜力的有色金属冶炼烟气汞控制技术，目前现有的少量文献只是综述性报道该技术方法，并没有相关的影响因素、吸收机理及动力学方面的研究。

(2) 碘络合吸收法 1979 年，广东有色金属研究院等单位共同开发了采用碘络合法进行烟气除汞的工艺。该工艺主要分为吸收和电解两道工序。首先，通过 KI 溶液中的 I^- 与烟气中气态 Hg^0 发生络合反应，将烟气中所含的绝大部分 Hg^0 吸收，部分吸收液经脱除部分 SO_2 后送去电解工序进行电解[24]。在电解工序，汞被提取出成为产品粗汞，同时碘得到再生，返回吸收工序循环利用。主要化学反应方程式如下[25]：

$$H_2SO_3 + 2Hg(g) + 4H^+ + 8I^- \Longrightarrow 2[HgI_4]^{2-} + S\downarrow + 3H_2O \tag{7-4}$$

$$[HgI_4]^{2-} \Longrightarrow Hg + I_2 + 2I^- \tag{7-5}$$

$$I_2 + H_2SO_3 + H_2O \Longrightarrow 2HI + H_2SO_4 \tag{7-6}$$

吸收循环母液的处理是向废液中加入 $Hg(NO_3)_2$，使 $K_2[HgI_4]$ 与 $Hg(NO_3)_2$ 反应生成 HgI_2 沉淀，经分离清洗后再作为对碘的补充返回吸收循环系统。

碘络合除汞工艺具有流程简单、汞去除率高且能回收、吸收剂可循环使用等优点，适用于有 SO_2 存在的含汞烟气。但该工艺也存在除汞效率不稳定、电解效率低、含汞污酸需要另外处理、能耗高等问题，有待进一步改进[26]。

日本东邦锌公司基于碘络合原理开发了一种硫化钠-碘化钾法组合除汞技术。该工艺由三个部分组成，第一部分先在洗涤塔中喷入硫化钠溶液，大部分汞将反应生成硫化汞进行沉淀分离，初步处理后烟气送去制造硫酸，制成的酸含少量汞，将其通入第二部分，向酸内加入碘化钾，汞与其反应生成碘汞化合物进行沉淀分离，滤渣进入第三部分进行再处理，同时第一、第二部分的洗涤废液、废渣均进入第三部分处理。该工艺的特点是处理流程完整，过程可靠，排污处理简单，废水可一般处理后排放，废渣无毒便于运输。但是该工艺无法对金属汞进行收集再利用，同时工艺流程较为复杂，投入成本高。

(3) 高锰酸钾吸收法 高锰酸钾具有很强的氧化还原电位，能将汞氧化成为氧化汞，同时生成二氧化锰。而二氧化锰又可与汞发生络合反应，生成络合物[27]。通过高锰酸钾溶液吸收后产生的氧化汞和汞锰络合物可以通过絮凝沉淀的方法沉降分离，含汞废渣累积后可以通过燃烧法进行处理，从而达到除汞的目的[28]。

该工艺的主要过程是：首先将含汞废气通入冷凝塔，将废气降温至 30℃ 以下；然后利用高锰酸钾溶液对降温后通入吸收塔中的气体进行循环吸收，净化后的气体经过除雾排空；然后通过絮凝剂的作用将吸收液中的汞进行分离；最后将吸收液补充新的高锰酸钾溶液再继续喷入吸收塔中循环利用。

其主要化学反应如下[29]：

$$2KMnO_4 + 3Hg + H_2O \longrightarrow 2KOH + 2MnO_2 + 3HgO \qquad (7\text{-}7)$$

$$MnO_2 + 2Hg \longrightarrow Hg_2MnO_2 \text{（汞锰络合物）} \qquad (7\text{-}8)$$

高锰酸钾吸收法的优点是装置简单、净化率较高；缺点是操作复杂，需要持续补充高锰酸钾溶液，而且由于有色金属冶炼烟气中存在大量的二氧化硫气体，二氧化硫会先与高锰酸钾反应，要消耗大量的高锰酸钾药剂，再加上高锰酸钾价格昂贵，因此该工艺在经济上并不合算。

（4）漂白粉吸收法 漂白粉的主要成分为次氯酸钙，这是一种强氧化剂，可以把零价态的汞氧化，进而吸收。漂白粉吸收法同样也是通过气液接触，利用溶液中的次氯酸钙与零价汞反应，并将其转化为不溶性的氯化亚汞。

其主要反应为[30]：

$$Ca(ClO)_2 + CO_2 \longrightarrow CaCO_3 + Cl_2 + 1/2O_2 \qquad (7\text{-}9)$$

$$Ca(ClO)_2 + SO_2 \longrightarrow CaSO_4 + Cl_2 \qquad (7\text{-}10)$$

$$Ca(ClO)_2 + 3Hg + H_2O \longrightarrow Hg_2Cl_2 + Ca(OH)_2 + HgO \qquad (7\text{-}11)$$

$$2Hg_2Cl_2 + 3Ca(ClO)_2 + 2H_2O \longrightarrow 4HgCl + CaCl_2 + 2Ca(OH)_2 + 2Cl_2 + 2O_2 \qquad (7\text{-}12)$$

同时，有色金属冶炼烟气中含有大量的酸性气体，如 CO_2 或 SO_2 等。这些酸性气体与次氯酸钙可以发生反应，生成原子态活性氯，这些活性氯又能进一步与零价汞进行氧化反应，从而达到脱汞的目的。用漂白粉吸收法处理烟气汞，设备简单，成本低。与漂白粉吸收法类似的还有次氯酸钠吸收法，都是利用次氯酸盐将有色金属冶炼烟气中的零价汞转化为氯化亚汞。但目前此类方法仅在实验室规模以及一些炼汞废气中应用，大规模的有色金属行业应用比较少。

（5）硫酸软锰矿吸收法 硫酸软锰矿除汞方法主要分为两步：首先通过气液接触，利用溶液中的软锰矿中的二氧化锰将烟气中的零价汞进行吸附；然后利用溶液中的硫酸与被吸附的汞进一步反应生成硫酸汞，进而生成硫酸亚汞；第三步，利用软锰矿中的二氧化锰将硫酸亚汞进行氧化，生成硫酸汞，如此进行循环反应。

其主要化学反应如下[31]：

$$2Hg + MnO_2 \longrightarrow Hg_2MnO_2 \qquad (7\text{-}13)$$

$$Hg_2MnO_2 + 4H_2SO_4 + MnO_2 \longrightarrow 2HgSO_4 + 2MnSO_4 + 4H_2O \qquad (7\text{-}14)$$

$$HgSO_4 + Hg \longrightarrow Hg_2SO_4 \qquad (7\text{-}15)$$

$$Hg_2SO_4 + MnO_2 + 2H_2SO_4 \longrightarrow MnSO_4 + 2HgSO_4 + 2H_2O \qquad (7\text{-}16)$$

在该工艺中，HgSO₄既是去除烟气汞的反应物，又是最终的反应产物。随着反应过程的进行，HgSO₄浓度不断升高，其对烟气汞的去除效果也会逐渐提高。该方法净化设备、运行和操作相对比较简单，对于烟气中汞的去除效率可以达到96％左右。但是该法仍然存在SO₂干扰的问题，并且排放的烟气汞浓度不达标。

7.3.4 国内有色金属冶炼汞污染控制技术

（1）波利顿-挪威锌脱汞法 波利顿-挪威锌脱汞法（氯化脱汞法）是将常规烟气净化系统净化、洗涤和冷却处理后的含汞和二氧化硫焙烧炉烟气通过脱汞反应塔内酸性氯化汞络合物溶液洗涤，使溶液中的Hg²⁺与烟气中的金属汞蒸气发生快速完全的反应，生成不溶于水的氯化亚汞晶体。部分氯化亚汞用氯气重新氯化制备成浓氯化汞溶液，加入洗涤液中补充Hg²⁺损失，多余部分经沉淀处理后成为甘汞产品[32]，其工艺流程如图7-16所示。该方法是目前世界上有色金属冶炼烟气除汞最常用的方法，中国株洲冶炼厂20世纪90年代末从瑞典玻利顿公司引进了该项技术，经过多年的探索，已形成自己完善的除汞技术。韶关冶炼厂也已采用该方法脱除废气中的汞。

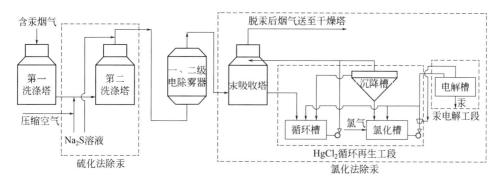

图 7-16 波利顿-挪威锌除汞工艺流程

（2）碘络合-电解法 碘络合-电解法分为吸收和电解两部分工艺[25]：吸收工艺是将净化后的烟气引入汞吸收塔，与碘化钾吸收液逆流接触，汞蒸气在二氧化硫的参与下，与溶液中的碘离子进行络合反应，汞以稳定可溶的络合物形式被吸收下来；电解工艺是将碘汞络合物中的汞还原成金属汞，同时碘得以再生并返回吸收工序。该方法烟气除汞效率为99％，精炼汞纯度为99.99％，除汞后烟气制得的硫酸含汞由原来的100～170g/t可降到1g/t以下，汞的总回收率达到45.3％。该方法不足之处是生产原料碘化钾全部进口，成本较高。韶关冶炼厂曾采用此方法，于1999年6月停用。

（3）硫化钠＋氯络合法 硫化钠＋氯络合法分为两步：第一步向进入制酸系统的烟气喷硫化钠，使汞蒸气变为硫化汞沉淀下来，将进入烟气净化系统的汞浓度

控制在 $30\mathrm{mg/m^3}$ 以下（烟气温度 30℃时，汞蒸气的饱和浓度），以防止汞的凝结；第二步采用氯络合法进一步除去烟气中的汞，出塔烟气含汞可降至 $0.3\mathrm{mg/m^3}$ 以下。因过量的硫化钠对生产系统有害，故该法的关键是控制硫化钠的喷入量。该方法已在中国西北冶炼厂得到应用[33]。

（4）直接冷凝法 直接冷凝法是将烟气汞浓度 $300\sim500\mathrm{mg/m^3}$、温度 $50\sim300$℃的电除尘后冶炼烟气先送入洗涤塔，吸取大部分尘埃并把温度降到 $58\sim60$℃；再送入石墨气液间冷器，烟气温度降到 30℃以下，80%的汞蒸气在此冷凝成液汞和汞氤；然后送入洗涤塔，进一步脱去金属汞和汞氤；最后送入制酸烟气系统，处理后烟气含汞量为 $50\mathrm{mg/m^3}$，脱汞率为 80%～90%。该方法适合含汞特别高的锌精矿，中国葫芦岛锌厂曾采用该方法处理含汞 0.1%的锌精矿。

上述四种脱汞技术在中国有色冶炼企业均有应用，其中以波利顿-挪威锌脱汞法应用较为普遍，该工艺脱汞效率高、运行成本低廉，适于在中国推广。

烟气净化过程产生的废水、冷凝器密封用水和工艺冷却水可采用化学沉淀法、吸附法、电化学法和膜分离法等单一或组合处理工艺进行处理[34]。

化学沉淀法、吸附法、电化学法和膜分离法等单一或组合处理工艺是实施废水处理的几种常规和实用技术，可以根据含汞废水的特点，采用单一或组合处理工艺实施废水处理。

参 考 文 献

[1] Li G, Feng X, Li Z, et al. Mercury emission to atmosphere from primary Zn production in China [J]. Science of the Total Environment，2010，408(20)：4607-4612.

[2] Hylander L D, Herbert R B. Global emission and production of mercury during the pyrometallurgical extraction of nonferrous sulfide ores[J]. Environmental Science & Technology, 2008, 42(16): 5971-5977.

[3] 黄兰青，白堂谋. 锌冶炼技术现状及发展探讨[J]. 企业科技与发展, 2015,(5)：41-42.

[4] 中国有色金属工业协会. 2011 年中国有色金属工业年鉴[M]. 北京：中国印刷总公司, 2012.

[5] 中国有色金属工业协会. 2013 年中国有色金属工业年鉴[M]. 北京：中国冶金出版社, 2014.

[6] 中国有色金属工业协会. 2014 年中国有色金属工业年鉴[M]. 北京：中国冶金出版社, 2015.

[7] 中国有色金属工业协会. 2015 年中国有色金属工业年鉴[M]. 北京：中国冶金出版社, 2016.

[8] 李卫锋，张晓国，郭学益，等. 我国铅冶炼的技术现状及进展[J]. 中国有色冶金. A 卷生产实践篇-重金属，2010,(2)：29-33.

[9] 肖勇军，等. 影响我国铅业全面可持续发展的主要因素分析[J]. 生态经济(技术版), 2007,(2)：216-219.

[10] 杨秋实. 液压系统在冶金行业的应用[J]. 消费电子, 2014,(16)：296.

[11] 2011 年中国黄金年鉴[M]. 2011.

[12] 2015 年中国黄金年鉴[M]. 2015.

[13] 马永鹏. 有色金属冶炼烟气中汞的排放控制与高效回收技术研究[D]. 上海：上海交通大学, 2014.

[14] 屈小梭，梁兴印，秦飞，等. 铅锌冶炼过程产生废气节点危害性分析[J]. 有色金属(冶炼部分), 2014,(12)：45-49.

[15] 张德杰，姜胜光. 有色金属铜冶炼工艺及发展趋势[J]. 科学与财富, 2016,(3)：665.

[16] 马倩玲. 浅析铜冶炼行业污染物的产生及治理[C]//任洪岩，程胜高. 金属采掘. 冶炼环境影响评价国际

研讨会论文集. 武汉：中国地质大学出版社，2012：63-64.

[17] 龙振坤，李延吉，吕春玲. 氰化提金工艺中金泥冶炼工段汞蒸气污染机理及其治理[C]//2007 年全国黄金（有色金属）矿山生产新技术、新产品学术交流会论文汇编. 长春黄金研究院，2007：238-241.

[18] 吴清茹. 中国有色金属冶炼行业汞排放特征及减排潜力研究[D]. 北京：清华大学，2015.

[19] Ljubič Mlakar T，Horvat M，Kotnik J，et al. Biomonitoring with epiphytic lichens as a complementary method for the study of mercury contamination near a cement plant[J]. Environmental monitoring and assessment，2011，181(1)：225-241.

[20] 徐传华. 国外有色冶金工程烟气处理技术[J]. 有色金属(冶炼部分)，1984，(2)：57-58.

[21] 唐德保. 用多硫化钠法净化火法炼汞尾气中的汞[J]. 冶金安全，1981，(6)：33-34.

[22] Hylander L D，Herbert R B. Global emission and production of mercury during the pyrometallurgical extraction of nonferrous sulfide ores[J]. Journal of Environmental Sciences，2014，26：2257-2265.

[23] Dyvik F. Mercury Removal and Control Application of the Boliden Norzink Process in Sulphuric Acid Manufacture[J]. Extraction Metallurgy，1985，85：189-198.

[24] 薛文平，龙振坤. 岩金矿山汞污染及防治[J]. 黄金，1994，15(3)：58-60.

[25] 唐冠华. 碘络合-电解法除汞在硫酸生产中的应用[J]. 有色冶金设计与研究，2010，31(3)：23-24.

[26] 孟昭华. 冶炼烟气制酸的除汞技术[J]. 硫酸工业，1986，2：12-16.

[27] Ye Q，Wang C，Xu X，et al. Mass transfer-reaction of Hg^0 absorption in potassium permanganate[J]. Journal-Zhejiang University Engineering Science，2007，41(5)：831.

[28] F Ping，C Chaoping，T Zijun. Experimental study on the oxidative absorption of Hg^0 by $KMnO_4$ solution [J]. Chemical engineering journal，2012，198：95-102.

[29] 叶群峰，王成云，徐新华，等. 高锰酸钾吸收气态汞的传质-反应研究[J]. 浙江大学学报(工学版)，2007，41(5)：831-835.

[30] 唐德保. 用漂白粉法净化火法炼汞尾气试验[J]. 工业安全与环保，1981，4：15-17.

[31] 唐德保. 炼汞尾气的净化[J]. 环境污染与防治，1981，3：20-22.

[32] 史鑫. 冶炼烟气脱汞技术进展[J]. 有色金属工程，2012(4)：54-56.

[33] 董丰库. 氯络合法烟气除汞的工业试验[J]. 有色冶金，1994(5)：37-40.

[34] 张正洁，陈扬，冯钦忠. 汞污染防治技术政策研究[C]//2014 中国环境科学学会学术年会论文集，2014：1-6.

第8章

水泥生产行业汞污染控制技术

8.1 水泥生产行业汞污染及污染控制现状

建材工业是我国最大的烟粉尘排放源，2008 年建材工业烟粉尘排放 $530 \times 10^4 t$[1]，占全国工业烟粉尘排放总量的 1/3；水泥约占其中 80％。水泥工业主要大气污染物包括颗粒物、NO_x、CO_2、SO_2、氟化物和汞。

2008 年欧洲水泥局统计 62 个国家 1681 个窑汞排放数据算术平均值为 $0.012mg/m^3$，2005～2006 年德国水泥窑汞排放浓度中间值 $0.02mg/m^3$。汞作为一个微量元素，同原料和燃料一起进入水泥生产流程中，原料［石灰质原料（0.001～0.4mg/kg），黏土质原料（0.002～3.25mg/kg），辅助原料］，化石燃料汞含量 0.1～13mg/kg。

中国是水泥生产大国，水泥产量持续增长。我国水泥产业的能源结构以燃煤为主，一般来讲替代燃料中的含汞量比煤炭要低很多。化石燃料（煤、焦煤等）和替代燃料（轮胎和再生燃料等）都可以在水泥生产中使用。目前国内替代燃料由于供给的原因只有少量的使用。不仅不同类型燃料的汞含量不同，而且同一种燃料类型的不同来源的差别也很大。

随着我国经济的发展，水泥产业已达到相当大的规模。2006～2014 年我国水泥产量呈逐年上涨趋势，2015 年略有下降，产量 $23.6 \times 10^8 t$，占到全球总产量的 57％，2016 年，水泥产量为 $24.1 \times 10^8 t$，较 2015 年略有增长。我国 2005～2016 年历年水泥产量和增长速度如图 8-1 所示。

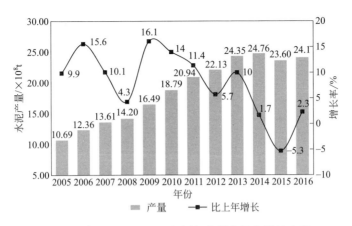

图 8-1　我国 2005～2016 年历年水泥产量和增长速度

根据中国水泥协会的计算结果可知，2014 年全国水泥生产行业新型干法工艺大气汞排放量为 112.49t（不含燃煤），水泥燃煤汞排放 45.79t。水泥生产中的主要原料是石灰石，石灰石占生料的比例为 80％以上，因此石灰石中的汞是水泥生产中汞输入的重要来源。水泥工业消耗的煤炭占全国煤炭总消费量的 15％左右。煤作为水泥生产中的燃料，生产时大量使用，通过燃烧其中含有的汞输入到水泥生产中，因此，煤中的汞也是水泥行业汞的重要输入源。水泥熟料生产过程中汞的输出除了随烟气排放的汞以外，还有部分汞被固定在水泥熟料中及除尘器底灰中的汞，由于新型干法工艺具有"返尘"的特点，除尘灰中的汞会进入生料中进行再次循环。对于立窑和其他回转窑，没有返尘过程，除了烟气中的汞，汞还会赋存在除尘器底灰中。水泥厂汞控制的技术按生产过程主要分为三类：一是预处理（原料，燃料），二是过程处理（固相排除，阻断汞循环），三是后处理（过滤器清理）。目前来讲，对于水泥窑烟气脱汞技术，还没有成熟的可以应用的技术（图 8-2）。

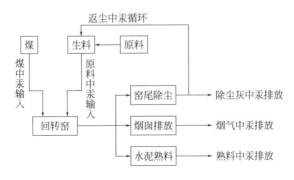

图 8-2　水泥生产过程中汞的输入、排放及循环过程简图

水泥生产工艺中的汞，除了来源于石灰石等常规原料及燃料煤中，具有协同处理废物能力的水泥厂所用的替代原料、燃料中也会有汞输入，因此水泥窑协同处理

固体废物也是汞的来源之一。根据水泥协会数据显示，2014 年年底，我国水泥行业协同处置生活垃圾和污泥的企业约有 34 家，处理生活垃圾和污泥量约合 410×10^4 t，持有危险废物（不包括医疗废物）利用处理处置经营许可证的水泥企业 22 家，危险废物处置量约 70×10^4 t。2015 年我国水泥窑协同处置生产线占比达到 7%，计划 2020 年要达到 15% 左右。协同处理的固体废物中的汞含量也要在水泥生产工艺过程中加以控制。在水泥成品生产过程中，石膏和部分粉煤灰加入熟料中，该过程不涉及加热，这部分汞进入水泥产品中[2]。

在我国水泥工业污染物排放标准中，此前一直不曾在重金属方面有明确的排放限值要求，水泥工业重金属防治却一直为业界专家关注。在《水泥工业大气污染物排放标准》（GB 4915—2013）[3] 和《水泥窑协同处置固体废物污染控制标准》（GB 30485—2013）[4] 中，首次明确了汞（Hg）的控制指标，给出了最高 0.05 mg/m³ 的允许排放浓度限值。

8.2 水泥生产工艺

8.2.1 典型水泥生产工艺

新型干法水泥生产技术，是以悬浮预热和窑外预分解技术为核心，应用现代流体力学、燃烧动力学、热工学、流态化工程理论以及粉体工程学等现代科学理论和技术，采用计算机及其网络化信息技术进行水泥工业生产的系统综合技术[5]。主要特点为：

① 新型干法生产工艺实现了生料高度分散状态下的预热和分解。

② 新型干法生产工艺采用固定设备中对流、传导为主的传热方式，取代了回转窑内辐射为主的传热方式，成倍提高了煅烧系统的热效率。

③ 新型干法生产工艺成倍降低了回转窑的热负荷，提高了回转窑的单机产量，使水泥产业规模的扩大和集约化发展成为可能。

④ 新型干法生产工艺使燃煤灰分分布更趋均匀，快速烧成和快速冷却，使熟料质量大大提高。

⑤ 预分解窑独特的煅烧方式和集约化生产模式的出现，有利于工业废渣的综合利用，使水泥厂具备处置固体废弃物的能力。

典型新型干法生产工艺流程如图 8-3 所示。

8.2.2 水泥窑协同处置工艺

水泥窑协同处置是水泥工业提出的一种新的废弃物处置手段[6]，它是指将满足

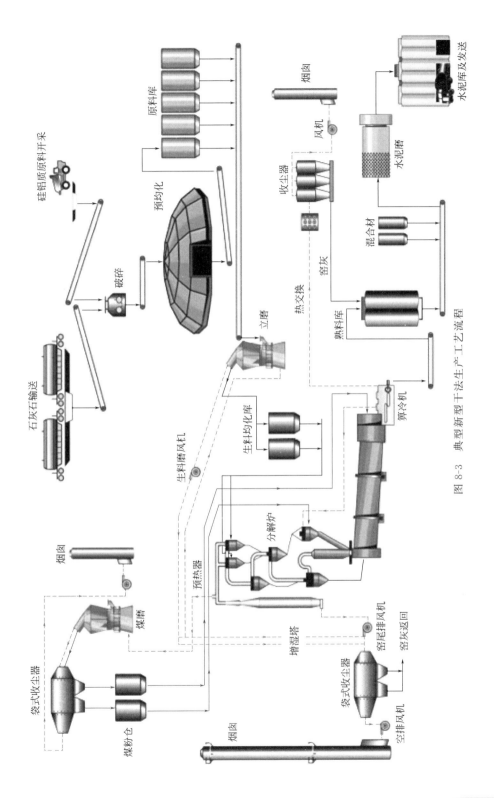

硅铝质原料开采

原料库

预均化

破碎

石灰石输送

立磨

生料磨风机

生料均化库

预热器

热交换

窑灰

熟料库

混合材

收尘器

风机

烟囱

水泥库及发送

水泥磨

分解炉

篦冷机

增湿塔

窑尾排风机

窑灰返回

袋式收尘器

空排风机

烟囱

袋式收尘器

煤磨

煤粉仓

烟囱

图 8-3 典型新型干法生产工艺流程

或经过预处理后满足入窑要求的固体废物投入水泥窑，在进行水泥熟料生产的同时实现对固体废物的无害化处置过程。该工艺可用于处理危险废物、生活垃圾（包括废塑料、废橡胶、废纸、废轮胎等）、城市和工业污水处理，污泥、动植物加工废物、受污染土壤、应急事件废物等固体废物。但是，放射性废物、爆炸物及反应性废物、未经拆解的废电池、废家用电器和电子产品、含汞的温度计、血压计、荧光灯管和开关、铬渣、未知特性和未经鉴定的废物禁止入窑进行协同处置（图8-4）。

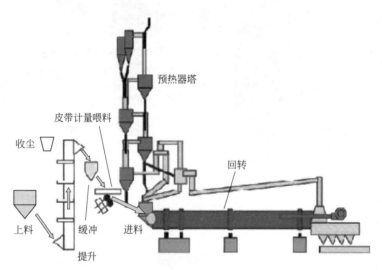

图 8-4 水泥窑协同处置示意

水泥窑协同处置的原理：利用水泥回转窑内的高温、气体长时间停留、热容量大、热稳定性好、碱性环境、无废渣排放等特点，在生产水泥熟料的同时，焚烧固化处理污染土壤。有机物污染土壤从窑尾烟气室进入水泥回转窑，窑内气相温度最高可达 1800℃，物料温度约为 1450℃，在水泥窑的高温条件下，污染土壤中的有机污染物转化为无机化合物，高温气流与高细度、高浓度、高吸附性、高均匀性分布的碱性物料（CaO、$CaCO_3$ 等）充分接触，有效地抑制酸性物质的排放，使得硫和氯等转化成无机盐类固定下来；重金属污染土壤从生料配料系统进入水泥窑，使重金属固定在水泥熟料中。

协同处置运行操作的技术要求主要包括：固体废物的准入评估、固体废物的接收与分析、固体废物的储存以及预处理、固体废物在厂内的运输、固体废物的投加等，具体详见《水泥窑协同处置固体废物环境保护技术规范》（HJ 662—2013）和《水泥窑协同处置固体废物污染控制标准》（GB 30485—2013）[7]。

重金属最大允许投加量限值见表 8-1，协同处置固体废物水泥窑大气污染物最高允许排放浓度见表 8-2。

表 8-1　重金属最大允许投加量限值（包括由混合材料带入的重金属）

重金属	重金属最大允许投加量限值 （包括由混合材料带入的重金属） /（mg/kg）	重金属	重金属最大允许投加量限值 （包括由混合材料带入的重金属） /（mg/kg）
总铬（Cr）	320	镍（Ni）	640
六价铬（Cr^{6+}）	10	钼（Mo）	310
锌（Zn）	37760	砷（As）	4280
锰（Mn）	3350	镉（Cd）	40
铅（Pb）	1590	铜（Cu）	7920
铜（Cu）	7920	汞（Hg）	4

表 8-2　协同处置固体废物水泥窑大气污染物最高允许排放浓度

序号	污染物	最高允许排放浓度限值
1	氯化物（HCl）	$10mg/m^3$
2	氟化物（HF）	$1mg/m^3$
3	汞及其化合物（以 Hg 计）	$0.05mg/m^3$
4	铊、镉、铅、砷及其化合物（以 Tl+Cd+Pb+As 计）	$1.0mg/m^3$
5	铍、铬、锡、锑、铜、钴、锰、镍、钒及其化合物 （以 Be+Cr+Sn+Sb+Cu+Co+Mn+Ni+V）	$0.5mg/m^3$
6	二噁英类	$0.1ng\ I\text{-}TEQ/m^3$

　　水泥窑共处置技术因其水泥窑温度高、停留时间长、有机物分解彻底等特点，是固废处置的理想方式。共处置生活垃圾既可以利用水泥窑的工艺特点使垃圾内含有稳定有毒成分完全焚烧和破坏，同时较高热值的生活垃圾可用作水泥窑的替代燃料来代替矿物质燃料，节省了部分燃料的支出。在生活垃圾焚烧过程中，许多研究者认为烟气在温度从 450～200℃ 的冷却过程中，二噁英通常通过在飞灰表面通过"de novo 合成"形成，而在水泥窑协同处理卤化废物过程中，也要将其考虑在内[8]。

　　相比较于以烟气为载体将二噁英排放到环境之中，以废渣、飞灰为载体向外界排出的二噁英的量更大。同样的，对于水泥生产系统，二噁英可以伴随着系统物质的输入输出。水泥窑飞灰中（CKD）的二噁英浓度含量也引起了许多研究者的关注，Dyke 等对英国境内的水泥窑飞灰进行了研究，其中二噁英毒性当量为 0.001～30ng I-TEQ/kg；而根据 UNEP2005 年的调研结果，德国境内水泥窑飞灰中二噁英浓度含量为 1～40ng I-TEQ/kg，瑞典境内水泥窑飞灰中二噁英平均浓度则为 0.03ng I-TEQ/kg，其浓度值相对较低[9]。

　　中国水泥产量巨大，带来的环境问题不容忽视。目前国内对水泥行业汞排放研究尚未开展，汞等非常规大气污染物的排放控制机理不明确，相关控制技术也属空白，面临的任务十分艰巨，迫切需要从基础数据的获得和基础研究入手逐步开展相关工作。

　　中国目前拥有水泥生产线 1600 多条，其中采用水泥窑协同处置飞灰等危险废物的 100 余家。水泥生产普遍采用新型干法工艺，生产过程中采用石灰石、铁粉、黏土、煤粉、砂石、矿渣等作为原料，经过粉碎、均化等程序后进入水泥窑中，部分水泥厂也将燃煤电厂除尘装置收集的燃煤等行业的飞灰作为原料添加到生料当中，这些原料中的汞将被带入水泥生产过程中。

2016 年我国垃圾焚烧量为 6811×10^4 t，焚烧产生的飞灰近 400×10^4 t；垃圾焚烧会产生有毒物质二噁英，气态二噁英降温凝结成固态，附着在飞灰上。虽并不是所有飞灰的重金属和二噁英含量都很高，但有 20% 以上超过了填埋场的入场标准。因具有污染物质不稳定性和成分的不确定性，飞灰在世界各国都作为危险废物管理，这些垃圾飞灰进入规范安全填埋则需要高达 6000～10000 元/t 的处置费用，给产废企业带来沉重的经济负担；而安全填埋的环境风险并未完全消除，同时造成金属资源的不可逆流失[10]。

因飞灰可替代水泥生产原料，水泥窑回转窑适宜处理此类的危险废物，操作工艺易于控制，污染物处理过程可控，并能实现资源化利用。水泥窑协同处置飞灰作为一种技术、经济俱佳的可行技术逐步得到应用，并有逐步增加的趋势。但飞灰必须进行适当的预处理，相应成分达到入窑标准，以满足水泥生产要求、尾气排放要求和水泥产品三项要求。

研究表明，飞灰中含有汞、砷、铅、二噁英等挥发性有毒有害物质[11]，如果作为水泥窑炉料，要受到入炉成分及投加量的要求。《水泥窑协同处置固体废物污染防治技术政策》（公告 2016 年第 72 号）提出，应严格控制水泥窑协同处置入窑废物中重金属含量及投加量；《水泥窑协同处置固体废物环境保护技术规范》（HJ 662—2013）中规定，水泥熟料中汞的最大允许投加量为 0.23mg/kg，水泥熟料中可浸出重金属含量限值应满足《水泥窑协同处置固体废物技术规范》（GB 30760—2014）的相关要求。而实际上，目前国内的水泥窑协同处置设施在汞指标上难以达到上述要求，行业呼唤切实可行的技术应用于水泥窑协同处置工程实践。另外，无论采取何种原料，包括原始生产原料后者协同处置的飞灰等物料，水泥生产过程中汞的输出除了随烟气排放的汞以外，还会被固定在水泥熟料中及除尘器底灰中，由于新型干法工艺具有"返尘"的特点，除尘灰中的汞会进入生料中进行再次循环，造成汞的不断富集；对于立窑和其他回转窑，没有返尘过程，除了烟气中的汞，汞还会赋存在除尘器低灰中。

8.3 汞污染控制技术

8.3.1 水泥行业汞来源

环保部 2013 年出台的《水泥工业大气污染物排放标准》（GB 4915—2013）中

新增加了汞污染排放标准，中国水泥协会副会长孔祥忠认为我国应对汞污染排放控制技术周期较短，目前还处在起步阶段，技术上的问题尚待突破[12]。根据联合国环境规划署（UNEP）报告[13]，2005年全球人为汞排放的2/3来自化石燃料燃烧，而水泥生产过程中使用煤作为主要燃料，年消耗原煤1.5×10^8t左右，同时消耗石灰石资源近20×10^8t，这些原料和燃料中含有的大量汞随着烟气和粉尘释放到大气中，形成雾霾污染，使得水泥行业成为全球第四大汞排放源，据统计，全球有9%的汞排放来自水泥行业。水泥行业中的汞主要来自水泥生产过程中用到的燃料和生产原材料，其中平均约75%的汞来自原料，25%来自燃料。生产中所用原材料可分为石灰质原料、黏土质原料、辅助原料三类。在煤的燃烧过程和熟料煅烧过程中，伴生的汞受热就会挥发出来。

（1）煤　汞是煤中的微量元素，我国不同区域的煤中汞含量差异较大，原煤中汞含量在0.1～5.5mg/kg之间，平均含量在0.22mg/kg，高于0.13mg/kg的世界原煤汞的平均含量。汞作为一个微量元素，同原料和燃料一起进入水泥生产流程中。水泥工业能源以燃煤为主，占能源消耗的比例较高，由于地区不同而煤中汞含量差异大，在生产过程中燃料汞排放是主要因素之一。

（2）石灰质原料　凡是以$CaCO_3$为主要成分的原料称为石灰质原料，如石灰石、石灰质泥灰岩、白垩。我国生产水泥的石灰质原料用石灰石最多，泥灰岩次之，再次之为大理石，而白垩及贝壳仅一些立窑小厂使用。石灰岩在我国资源丰富，分布也非常广，它是一种沉积岩，主要由方解石微粒组成，依成因可分为生物石灰岩、化学石灰岩和碎屑石灰岩三种。石灰岩中常有其他混合物，并含有白云石、黏土、石英或燧石及硫酸钙等杂质。石灰质原料是水泥熟料中CaO的主要来源，它是水泥生产中使用最多的一种原料，在生料中约占80%，一般生产1t熟料需1.3～1.5t石灰质原料。石灰石中的白云石是熟料中MgO的主要来源。石灰石中的汞含量差别较大。即使是同一个矿场中的石灰石，这种差异性也会很大。国外相关数据显示石灰石中汞含量为0.001～0.4mg/kg之间。

（3）黏土质原料　黏土质原料的主要化学成分是SiO_2，其次为Al_2O_3，还有少量Fe_2O_3，主要是供给熟料所需要的各种氧化物[14]。一般生产1t熟料需要0.3～0.4t黏土质原料。我国水泥工业采用黏土质原料种类较多，以黏土、黄土为最多，其次为页岩、泥岩、粉砂岩及河泥等。黏土的质量主要取决于黏土的化学成分、含砂量、碱含量及黏土的可塑性、热稳定性、需水量等工艺性能。这些性能随黏土中所含的主导矿物不同、黏粒多寡及杂质不同而异。所谓主导矿物是指黏土同时含有几种矿物时，其中含量最多的称为主导矿物。根据主导矿物不同，可将黏土分成高岭石类、蒙脱石类与水云母类等。南方的红壤与黄壤属于高岭石类，华北与西北的黄土属于水云母类。黏土中常常有石英砂、方解石、黄铁矿、氧化铁、碳酸盐、硫酸盐及有机物等杂质，化学成分差别很大，多呈黄色、褐色或红色。黏土和页岩的汞含量为0.002～3.25mg/kg，比石灰石中汞含量的差别更大。

其中，部分水泥企业采用粉煤灰双掺工艺，在生料部位掺加少量的粉煤灰替代黏土质原料。粉煤灰的汞含量与火力发电厂气体排放的除尘效果相关。由于价格原因，目前生料配料过程中使用粉煤灰的企业并不多。大多数企业还是将大量的粉煤灰作为混合材料掺入水泥磨，直接用于水泥磨的粉煤灰不涉及汞的二次排放。

（4）**辅助原料** 除石灰质原料和黏土质原料两种物料配料外，还有一些用量较少，但对保证正常生产、提高质量、改善操作条件等起着良好的作用或为了保护环境而搭配利用的废料，一般称为辅助原料。常用的有铁质校正原料、铝质校正原料、硅质校正原料、综合利用的废料等。这部分材料用量少，对总汞排放影响有限。

（5）**协同处置危废** 生活垃圾焚烧飞灰中的汞主要来源于垃圾中的含汞废物，如电池、荧光灯管和血压计等，在垃圾高温焚烧过程中，Hg 会与烟气中的其他成分及飞灰颗粒发生一系列物理化学反应，最终形成气相汞和固相颗粒汞，气相汞包括气态零价汞。汞的汽化物随着烟气的冷却冷凝在飞灰表面或被活性炭和空气净化装置捕获，并在飞灰中富集[15]。综上所述，在水泥工业生产过程中，煤、石灰质原料、黏土质原料、辅助原料的汞含量具有很大差别，甚至同一种原料、同一矿场原料的汞含量差别都极为显著，这种情况对评估行业整体汞排放水平造成极大困难。

8.3.2 水泥生产过程中大气汞排放及污染控制现状

（1）**水泥生产过程中大气汞排放** 目前，关于中国水泥生产工艺过程中汞的行为、原料汞浓度、水泥行业大气汞排放方面数据均较为缺乏。

整个水泥行业大气汞的排放通常使用排放因子法计算。文献［29］中采用的水泥生产大气汞排放因子一般为 0.003 ~ 0.119mg/kg。主要集中在 0.040 ~ 0.080mg/kg。在水泥生产中汞排放因子存在较大的不确定性。

浙江大学王小龙选取了熟料生产规模 2000t/d 的生产线 1 条、2500t/d 的生产线 8 条和 5000t/d 的生产线 2 条，共 11 条生产线作为测试对象，进行了 118 组测试，并对这 11 条水泥窑进行了汞平衡分析，据此推算出 2016 年我国水泥行业大气汞排放为 166.33t。

（2）**常规大气污染物排放控制设施** 水泥生产过程中大气污染物排放控制主要针对颗粒物进行。现代水泥窑通常装有静电除尘器或纤维过滤器，或两者兼有[16]。目前中国 90% 以上的水泥厂均安装了高效的电除尘器和布袋除尘器。

水泥窑一般不使用烟气脱硫装置。如果原材料硫含量过高，部分的水泥窑会配备湿式除尘器。控制 NO_x 的技术主要是采用综合方法，如火焰冷却器、燃烧器设计、分级燃烧或通过喷氨进行的非催化还原。目前全国 1700 多条新型干法水泥生产线中已有 668 条生产线安装了 SNCR 脱硝装置，这对我国"十二五" NO_x 减排起到了积极作用。

（3）**水泥生产过程中大气汞排放控制最佳环境实践**　控制水泥生产过程中大气汞排放的最佳环境实践包括[17]：

① 通过实地考察或者在其他地点对相似设备的研究确定工艺的关键参数；

② 引入控制关键工艺参数的方法；

③ 引入监测和报告关键工艺参数的方案；

④ 引入和遵照计划周期，执行合适的检查和维护周期；

⑤ 引入各级职责清楚划分的环境管理系统；

⑥ 确保拥有合适的资源来执行和维持最佳环境实践；

⑦ 引入改进工艺来解决技术瓶颈和技术落后问题；

⑧ 在实施最佳环境实践时，确保工作人员得到与其职责相关的足够培训；

⑨ 为关键燃料参数定义燃料规格，并引入监控和报告机制。

（4）**水泥生产过程中大气汞排放控制技术**　针对我国目前水泥生产工艺现状，水泥行业大气汞污染控制主要针对新型干法水泥生产工艺。汞的排放控制目前主要从以下几个方面考虑[18]。

① 原料改进。在水泥生产中，进入水泥窑中的物料主要分为原料和燃料。对于原料的组成，水泥对矿石依赖性较强，石灰石中汞含量变化范围很大。水泥生产过程中汞排放主要来自水泥窑，进入水泥窑原料中的汞总量决定排放量，减少水泥窑汞输入总量可以在很大程度上减少大气汞排放。

② 煤的洗选。一般来说，汞与其他矿物质类似，主要存在于无机矿物质中，在洗选时汞会大量富集在浮选废渣中，从而实现了同原料的分离。最近的研究发现，汞与无机元素有密切的依存关系，并且汞可能主要以硫化物结合态和残渣态存在，且在黄铁矿中大量富集。根据美国环保署 2001 年对 26 个烟煤样品的测试，传统洗煤方法的除汞效率为 3%～64%，平均除汞效率约为 30%。除了常规的洗煤方法，通过有选择性的烧结法或者柱式泡沫浮选法可进一步去除原煤中的汞。其中后者已经进入了商业运行阶段。一些小试研究结果表明，结合常规的洗选方法，原煤中汞的去除率为 40%～82%[19]。对于燃煤电厂等大量使用煤的行业，洗煤可以成为脱汞的一个手段。但水泥生产中煤作为燃料，添加量并不多，而水泥行业中汞大部分来自生料，而且洗选过后的污水处理成本非常高，洗煤对于水泥行业脱汞的作用很有限。

③ 燃料替换。除了传统的燃料之外，其他燃料如轮胎衍生物燃料（TDF）的使用，因为使用了低汞含量的燃料，进入水泥窑的汞总量减少，可以降低汞排放。在一个 55kW 的中试规模的实验中，TDF 的使用显著影响了烟道中的汞的形态，提高了氧化态汞的比例。这应该和 TDF 中的氯含量有关。氧化态汞很容易在之后的污控设施中去除。不过燃料对于水泥厂原料来说只是较少的一部分，水泥厂对燃料进行搭配来控制汞的排放效果有限。

④ 生料的洗选。生料的洗选主要有两种方法，清洗和气化。清洗是指用水进

行清洗，在清洗过程中，Hg^{2+} 会进入液相，从而将汞和生料进行分离。气化是指在生料进入水泥窑之前，先进行加热，使得原料中的汞以气态形式挥发出来，将产生的气体通过一个活性炭吸附塔进行吸附脱汞。将汞和生料进行分离。由于水泥生产过程需要大量的生料，如果所有生料都要进行清洗、气化处理，成本较高，一般来讲，这种技术不适合作为水泥行业的汞去除技术。

（5）大气污染控制设施协同控制技术 由于实际上上述的汞循环的建立在很大程度上要依赖于除尘器，特别是布袋除尘器的效率，高的除尘效率使得汞的累积和捕集效率更高[20]，从而提高了除尘飞灰焙烧脱汞的效率。从理论上讲属于除尘飞灰再处理或者再利用来减少汞累积的方法都符合这一规律。因此，提高现行的烟气净化装置脱汞效率无论对于有返尘的工艺还是无返尘的工艺均有重大意义。

① 电除尘器。电除尘器的除尘效率一般可达到 99% 以上。这样，烟气中以颗粒形式存在的颗粒态汞可同时得到脱除。但一般认为，以颗粒形式存在的汞占煤燃烧中汞排放总量的比例较低，且这部分汞大多存在于亚微米颗粒中，而一般电除尘器对这部分粒径范围的颗粒脱除效率很低，所以电除尘器的除汞效率有限[21]。

② 布袋除尘器。由于部分细颗粒上富集了大量的汞，因此布袋除尘器的除汞效果高于电除尘器。布袋除尘器之所以会比静电除尘器有更高的汞去除效果，主要是由于它不仅能够除去颗粒态汞，还能够同时除去部分气态汞。烟气中的气态汞与布袋上的飞灰层的接触时间较长，而静电除尘器中气态汞与飞灰的接触时间短。不仅如此，由于布袋除尘器（气体穿过飞灰层）与静电除尘器（气体只与飞灰层表面接触）的除尘机理不同，气态汞与飞灰层有更充分的接触面积。有研究表明静电除尘器的除汞效率为 4%～20%，布袋除尘器的除汞效果为 20%～80%。

③ 烟气脱硫装置脱汞。烟气脱硫系统的除汞效率随入口烟气中汞的形态分布变化而变化。Hg^{2+} 易溶于水，在湿式烟气脱硫系统中，无论是用石灰还是石灰石作为吸收剂，均可除去 85% 以上甚至全部的 Hg^{2+}，而对 Hg^0 没有明显的脱除作用。干法脱硫系统的除汞效率一般为 35%～85%。烟气脱硫装置协同脱汞在燃煤电厂技术成熟，但水泥厂烟气硫浓度低，烟气脱硫装置脱汞是否也可在水泥窑上得到利用目前仍在试验研究中。

④ 烟气脱硝装置脱汞。选择性催化还原（SCR）装置在还原 NO_x 的同时，能够将 Hg^0 氧化成 Hg^{2+}，Hg^{2+} 相对更易被湿式喷淋装置脱除。"十二五"期间我国已经开始启动水泥烟气中氮氧化物排放控制，目前我国新型干法水泥生产线中已安装 SNCR 烟气脱硝装置的约占 40%。

（6）减少汞循环富集 在新型干法水泥生产过程中，经过除尘器除下来的灰尘会和生料混合，再次进入回转窑进行熟料生产[22]。这就使得经过除尘器脱除的汞再次进入系统，提高了生料中的汞浓度，进而提高回转窑出来的烟气中的汞浓度，如果不将除尘灰加入生料中，就会大大降低进入回转窑中的原料浓度。但是这样做，除尘灰会大量排放到系统外，不好处置。

还有方法是对除尘灰先脱汞，再继续加入生料中重新进入回转窑，这样既避免了水泥窑内的汞循环累积，也不会产生大量的不好处置的除尘灰，目前已经发明并对一种焙烧工艺申请了专利。这些除尘灰在进入循环之前，先经过一个焙烧过程进行处理。这些灰尘利用一个热源（例如回转窑旁路烟气，冷却器排出气体等）进行加热，使得除尘灰中的汞以气态形式挥发出来，在汞还处于气态时，通过一个高温静电除尘器，这样可以将大部分脱除汞后的灰尘捕集下来。这部分灰尘返回料仓，与生料混合，再次进入水泥窑进行水泥生产。在气体通过静电除尘器后，气体温度下降到汞的沸点以下，这样，汞就会吸附到没有被静电除尘器捕集的灰尘和添加进去的吸附剂上，之后再经过一个布袋除尘器进行除尘，除尘后烟气直接排到大气中，而除尘灰则用于添加到水泥产品中或者直接作为废物处理。这样做空气和吸附剂用量预计会比一个完整的活性炭喷射系统小得多。不过现在这种技术还在发展中，脱汞效率和运行成本等信息都比较缺乏[23]。除尘灰焙烧系统如图8-5所示。

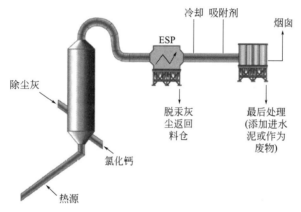

图 8-5　除尘灰焙烧系统

（7）**专门脱汞技术**　如果汞输入削减困难较大，而协同控制效果又因为汞循环不佳，减少汞累积受到某些条件的限制无法达到排放要求，可以在最后烟囱排放口进行专门脱汞。

活性炭喷射技术示意如图8-6所示。

活性炭喷射技术现在广泛应用于燃煤电厂的有以下3种，直接在除尘器上游注入；气体冷却后注入活性炭；除尘器之后加入活性炭；再经过第二个除尘器。这些活性炭在气流中悬浮1~3s，然后经过布袋除尘器去除[24]。

影响活性炭喷射脱汞效率的因素有很多：汞的形态和浓度、活性炭的物理化学性能、粒径分布、孔隙结构和分布及其表面特征、气体温度、烟气成分、活性炭的浓度、活性炭和汞的接触时间和活性炭在气流中的分散程度等。

在给定温度下，活性炭吸附能力与汞的形态有关。纯净的活性炭吸附氯化汞的能力要比吸附元素汞的能力强，也有研究显示硫化活性炭对元素汞的吸附能力增强。实际情况中，烟气中含有氯化氢，由于元素汞可以被很快地氧化成氧化态汞，活性炭对于元素汞和氧化态汞的吸附效率差异很小。

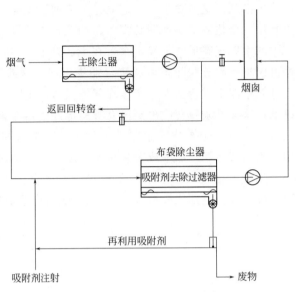

图 8-6　活性炭喷射技术示意

　　烟气温度能够明显地影响活性炭对汞的吸附效果，较高的吸附效果需要较低的烟气温度。在 170℃时，吸附效率在 10%～70%，而在 100℃时，吸附效率能达到 90%～99%。一般来说，水泥厂窑头窑尾烟气温度均较高，在经过余热锅炉后会迅速下降，选好适合活性炭吸附的温度节点也是采用活性炭吸附要考虑的重要部分。

　　烟气中的湿度也是影响活性炭吸附的因素，湿度达到 5%～10%，这种影响会很明显，水分子会抑制活性炭对汞的捕集。酸性气体对活性炭吸附汞也有显著的影响，有研究表明，在气体中加入氯化氢，氮氧化物可以提高活性炭对元素汞的捕集效率[25]。

　　由于活性炭喷射技术喷加成本很高。每百万吨/年熟料产能的水泥窑，活性炭喷加设施的建设费用达 2000 万美元，年运行成本达 400 万美元。另外，如何处置使用后的活性炭也是一个问题。因此，活性炭喷加技术在水泥窑的应用还非常少见，目前已有报道的是德国的一家水泥厂。

　　活性炭床吸附。烟气通过一个填充了活性炭的吸附床，吸附原理和活性炭喷射类似。在活性炭床吸附过程中，吸附平衡是重要的，吸附饱和的活性炭需要替换成新的活性炭。吸附之后的活性炭可以经过处理脱除里面的汞，或者将这部分活性炭当做废物处理，不过因为其中含有重金属，这种废物可能要作为危险废物进行处理。活性炭床经济成本高，而且易失效和堵塞，增大活性炭消耗和处置成本。运行维护费用高，目前仅有欧洲一座水泥窑安装了该设备。活性焦床吸附和活性炭床类似，同样因为经济成本过高，不适于商业化推广。

湿法洗涤。湿法洗涤是使烟气通过喷淋塔，与其中的石灰石浆液等对流接触，石灰石浆液吸收烟气成分中的二氧化硫，形成亚硫酸钙，然后被氧化成硫酸钙并作为石膏被脱除出来，由于温度较低，汞会冷凝，水的环境有利于吸收捕集氯化汞。

湿法洗涤和吸附剂喷射一样可以对多种污染物进行控制，可以去除二氧化硫和其他酸性气体。汞通过湿法洗涤，通过废水和脱硫石膏被一起脱除出去。在美国，已经有一些水泥厂安装了湿法洗涤设施，虽然主要目的是用来控制二氧化硫，不过对汞也有不错的脱除效果[26]。

湿法洗涤有一些受限制条件：装置必须安装在除尘器之后，灰尘会影响石膏的结晶；而且需要一个很大的风机提供压力，增加了能源的消耗；对于水的需求量也比较大；还要求烟气中二氧化硫浓度不能太低，石膏产生量不大，汞的脱除效果也会受到很大影响。此方法只能去除烟气中的氧化态汞，不能去除元素汞，脱除效果要视烟气中汞的形态分布而定（图8-7）。

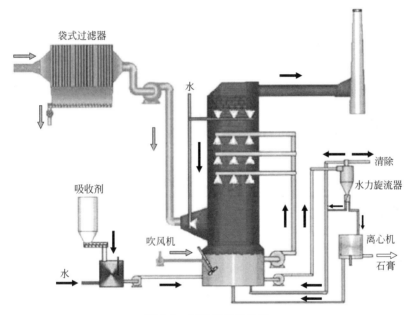

图 8-7　湿法洗涤器示意

干法/半干法洗涤。干法洗涤是使烟气通过一个填充有吸附剂的反应器中对酸性气体和汞进行吸附。此方法已经广泛用于电厂，有一部分水泥厂也在使用。烟气通过悬浮吸收器（GSA），与其中的吸附剂接触。吸附剂吸附其中的酸性气体和汞，部分循环再生利用，部分当做废物处理。干法洗涤同样需要安装在除尘器之后，干法洗涤的脱汞效率有研究表示可以达到80%～90%，而且与湿法洗涤相比，受到烟气中汞的形态影响要小得多，因为GSA内部有温度控制设施，对汞的脱出效果要好于活性炭喷射。干法/半干法洗涤的运行能源成本要远小于湿法洗涤，但是会高于活性炭喷射[27]（图 8-8）。

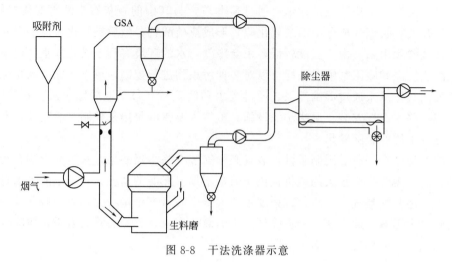

图 8-8　干法洗涤器示意

8.3.3　国内外技术现状对比

在筛选水泥窑的汞污染防治措施时，汞去除率只是考虑因素之一，其他还需考虑的因素包括汞的初始排量、削减控制目标、削减控制措施和技术的经济性、成熟性，以及与控制和削减其他污染排放的协同性等[28]。水泥行业汞污染防治技术比较如表 8-3 所示。

表 8-3　水泥行业汞污染防治技术比较

技术和措施		技术特点		技术应用现状
		优势	劣势	
采用新型干法水泥生产工艺		能耗小，熟料产能大，具备烟气脱汞的本质属性	继续削减水泥工业汞排放总量的潜力有限	应用普遍
减少水泥窑内汞的循环累计	窑灰外排	简单易操作，几乎不增加设施建设成本	降低了对水泥窑烟气中汞的吸附效率，外排窑灰还需进行后续利用或处置	技术较为成熟，国外较多水泥企业应用
	生料外排	有助于提高生料对水泥窑烟气中汞的吸附能力	外排生料量大，不易进行后续利用处置	较少应用
	窑灰脱汞	有助于提高窑灰对水泥窑烟气中汞的吸附能力；设施建设运行成本相对较低	工艺流程较为复杂	中试试验中

技术和措施		技术特点		技术应用现状
		优势	劣势	
促进水泥窑烟气中汞的冷凝和吸附	采用窑磨一体机模式	简单易操作,几乎不增加设施建设成本	已普遍应用,继续削减水泥工业汞排放总量的潜力有限	应用普遍
	降低排烟温度	简单易操作,几乎不增加设施建设成本	受增湿塔、窑尾风机最大负荷及余热发电限制,降温幅度有限	技术较为成熟,国外部分水泥企业应用
	采用高效除尘器	简单易操作	已普遍应用,继续削减水泥工业汞排放总量的潜力有限	应用普遍
	烟气脱硫装置脱汞	可同时脱硫脱汞	汞脱除效率不稳定;对元素汞脱除无效	仍在试验研究中
	活性炭喷加			仅极少数水泥企业应用
	活性炭床吸附	可同时脱除多种污染物	设施建设和运行成本高;吸附剂还需进行后续利用或处置	仅欧洲一座水泥窑应用
	活性焦床吸附			仅瑞士一家水泥企业应用
	吸附剂脱汞	运行效果稳定,脱汞效率高	设施投资高和运行成本高	仅美国一家水泥厂应用

综合来看,水泥窑汞污染防治最佳措施和技术包括:汞输入总量控制和削减,部分窑灰外排,采用窑磨一体机运行模式,降低排烟温度。

参 考 文 献

[1] http://www.doc88.com/p-6921968512866.html.

[2] 水泥窑协同处置生活垃圾开启行业新篇章[J]. 商品混凝土,2013,(12):33.

[3] 水泥工业大气污染物排放标准:GB 4915—2013.

[4] 水泥窑协同处置固体废物污染控制标准:GB 30485—2013.

[5] 郝令旗,张浩云,齐国彤. 新型干法水泥生产技术的现状与发展[J]. 新世纪水泥导报,2004,(4):1-4.

[6] 潘淑萍,钱莲英,沈庆舟,等. 水泥窑协同处置危险废物的烟气污染物排放特性研究[J]. 环境污染与防治,2017,(7):740-745.

[7] 水泥窑协同处置危险废物环境保护技术规范(征求意见稿)摘要[J]. 中国水泥,2012,(12):34-41.

[8] 水孙宏. 生活垃圾焚烧发电工程中二噁英的生成及减排技术探讨[C]//2007第三届绿色财富(中国)论坛暨节能减排与企业家的社会责任系列研讨、交流会论文集. 戈尔过滤产品(上海)有限公司,2007:151-156.

[9] 周英男. 工业窑炉共处置危险废物过程中重金属高温挥发特性研究——以烧结机共处置为例[D]. 重庆:重庆交通大学,2015.

[10] 中国物资再生协会. 2017危废处理技术现状分析[J]. 中国资源综合利用,2018,(2):7.

[11] 晏蓉,欧阳中华,曾汉才. 电厂燃煤飞灰中重金属富集规律的实验研究[J]. 环境科学,1995,(6):29-

32，93.

[12] 朱颖. 中国水泥工业的汞污染控制——中国水泥协会副会长孔祥忠在环资论坛专题报告[J]. 中国水泥，2014，(9)：46-48.

[13] UNEP. 2013 年度全球汞评估报告(Global Mercury Assessment 2013).

[14] Joel K Sikkema，James E Alleman，Say Kee Ong，et al. Mercury regulation，fate，transport，transformation，and abatement with in cement manufacturing facilities：review[J]. Science of the Total Environment，2011，409：4167-4178.

[15] 史燕红. 燃煤电厂重金属排放与控制研究[D]. 北京：华北电力大学，2016.

[16] 水泥工业污染防治技术政策[J]. 中国水泥，2013(7)：39-40.

[17] 孙也，邢长城，吕栋，等. 水泥行业非常规污染物的研究进展[J]. 环境工程，2015，(7)：101-104.

[18] 王相凤. 新型干法水泥窑汞等非常规污染物排放特征研究[D]. 北京：北京化工大学，2017.

[19] 王小龙. 水泥生产过程中汞的排放特征及减排潜力研究[D]. 杭州：浙江大学，2017.

[20] 禾志强，阚忠南，祁利明，等. 布袋除尘脱汞性能试验分析[J]. 内蒙古电力技术，2012，(1)：40-42.

[21] 刘丰. 布袋除尘器和静电除尘器的技术经济比较[J]. 内蒙古电力技术，2001，(6)：13-14.

[22] 甘昊，吕思明. 水泥窑汞排放特征分析及控制措施探讨[C]//中国硅酸盐学会 2012 环保学术年会论文集. 合肥水泥研究设计院，2012：457-459.

[23] 王作杰. 除尘器及其系统改造技术[J]. 中国水泥，2011，(6)：53-56.

[24] 蔡青. 烟气脱汞用活性炭低成本制备方法研究[D]. 北京：中国矿业大学，2015.

[25] 韩粉女，钟秦. 燃煤烟气脱汞技术的研究进展[J]. 化工进展，2011，(4)：878-885.

[26] 王庆伟. 铅锌冶炼烟气洗涤含汞污酸生物制剂法处理新工艺研究[D]. 长沙：中南大学，2011.

[27] 付康丽，赵婷雯，姚明宇，等. 燃煤烟气脱汞技术研究进展[J]. 热力发电，2017，(6)：1-5.

[28] 丁平华，田学勤，郎营. 基于减排形势和技术应用分析的水泥工业污染减排研究[J]. 环境保护，2014，(21)：46-50.

[29] 李凌梅，王肇嘉，崔素萍. 杨飞华. 国内外水泥熟料生产过程汞排放研究. 水泥，2018，6；52-55.

第9章

含汞废物处理处置污染控制技术

9.1 含汞废物的来源

含汞废物主要来自工业制造、生活垃圾、医疗垃圾等领域。工业制造领域的含汞废物主要包括聚氯乙烯生产过程中所产生的废汞催化剂，汞法制碱行业所排放的含汞盐泥等；生活垃圾中的含汞废物主要来自废弃荧光灯、体温计、含汞电池等；医疗垃圾中的含汞废物主要来自水银血压计、水银体温计、口腔科用银汞合金、部分品种中药和实验室试剂等。

不同的地区含汞废物来源不同，不同来源含汞废物的数量亦与不同国家和地区的生活方式、经济发展水平相挂钩。含汞废物来源情况如表9-1所示[1]。

表 9-1　含汞废物来源

工业制造	除电池、蓄电池外的含汞废物；生产、配制、供给和使用中产生的含汞废物；盐及其溶液、金属氧气物的生产、配制、供给和使用中产生的含汞废物
	不同交通运输方式的废旧车辆(包括非公路作业机)，废旧车辆拆解与车辆维护中产生的含汞废物、含汞零件
	天然气净化与运输过程中产生的含汞废物
生活垃圾	含汞电池、电灯和电子设备
	含汞建筑废物
	荧光灯、节能灯及其他照明产品含汞废物

医疗垃圾	人体护理、疾病诊断、治疗或预防过程中产生的含汞废物,如牙科治疗过程产生的汞合金废物

工业领域汞排放量极高,除工业领域之外,其他几种含汞产品亦应得到妥善管理,如循环利用以避免汞排放。部分含汞并可循环利用的产品如表 9-2 所示[2]。

表 9-2 部分含汞并可循环利用的产品

照明产品	节能灯通常含有 10~40mg 汞(即 0.01~0.04g 汞)
温度计	温度计通常含有 0.5~0.7g 汞,大型温度计含汞量可多达 3g
恒温器	非电子恒温器平均含有 5.25g 汞。可改用电子恒温器进行替代
其他汞污染来源	纽扣式电池(部分型号),如手表中使用的电池
	牙科填料
	含汞开关——静噪灯开关和倾斜开关,可见于汽车车厢、引擎灯、熨斗和室内加热器
	废弃的杀虫剂、杀菌剂、油漆
	电子设备
	不同公共系统如饮水系统中的不同设备

有关电子设备方面的汞污染,近年来愈来愈受到重视,发达国家与发展中国家电子设备的使用出现了大幅上升趋势,1994~2003 年,共有约 5 亿台个人电脑到达使用寿命。5 亿台个人电脑内含约 287t 汞。废物流的快速增长在继续加速,全球个人电脑市场远远没有饱和,从而导致电子废物呈比例上升。

截至 2014 年年底,全国共有 9 家含汞废物回收企业,其中已获得危险废物经营许可证的企业数为 8 家,另外 1 家正在申请中,包括处置废氯化汞催化剂、含汞污泥、有色金属冶炼酸泥、有色金属冶炼产生的锑汞废渣等企业。

原生汞冶炼含汞废物:目前中国正在生产的原生汞冶炼企业数量较少,分布较为集中。中国针对汞及其化合物的进出口贸易实施了严格限制政策,自 2002 年开始限制汞进口总量每年不超过 200t,自 2005 年起不再批准汞出口,2009 年后已无汞及其化合物的实际进出口。原生汞开采及冶炼产生的汞污染主要体现在生产过程中产生的含汞固废[3]。

原生汞冶炼含汞废物产生环节包括采矿、选矿和冶炼。采矿单元的采矿废石来源于剥离的含汞量较低的围岩、选矿单元的浮选工艺产生的尾矿渣、汞冶炼单元产生的汞冶炼废渣。

原生汞冶炼含汞固废的去向主要为尾矿库及渣场堆存。目前尾矿库分布主要集中在历史上有汞矿开采省份的矿区内。仅贵州省铜仁市地区就有六个尾矿库,一个渣场。相关部门分别就尾矿库及渣场的安全问题、水土流失问题及环境污染问题做了相关应对防护措施,未来还需进一步进行维护,防治汞的浸出对环境造成的污染。

有色金属冶炼含汞废物：处置企业位于贵州和新疆，总处置能力达 6×10^4 t 以上，2013 年实际处置含汞废物量 800 多吨，根据产排污系数核算铅锌铜冶炼企业制酸产生的酸泥的汞含量约 45.64 t。企业主要工艺区别于其他含汞废物回收企业，除回收金属汞外，还能回收其他有价金属。有色金属冶炼废渣主要是指铅锌铜冶炼过程中制酸工艺产生的含汞酸泥及污水处理产生的二次汞泥。将有色金属冶炼废渣与一定量的烧碱、石灰及水在预处理搅拌机中均匀搅拌。将搅拌均匀后的废渣送陈化间陈化一定时间，在陈化过程中，烧碱和石灰与渣泥发生中和反应，将渣泥中和成中性，渣泥中的汞化合物转化成氧化汞。陈化在常温常压下自然进行，没有汞和有机汞溢出。经陈化后的渣球通过料盘推送装置加入卧式自动电热式蒸馏炉蒸馏提汞，经蒸馏脱汞后的废渣卸料后送除汞废渣库房暂存，然后送有危险废物处置资质的单位回收提取其他金属。经蒸馏炉蒸馏脱出的汞蒸气经尾气处理系统处理后由 20m 烟囱排放，尾气中 Hg 浓度 $<0.05 mg/m^3$，可满足《危险废物焚烧污染控制标准》（GB 18484—2001）；冷凝回收的汞作为产品外售。

废氯化汞催化剂：回收企业分布于贵州、湖南、新疆，总处置能力达 4×10^4 t。2014 年全国废氯化汞催化剂回收量约 1.5×10^4 t，产生的含汞污泥及活性炭大约占转移废氯化汞催化剂质量的 1/5，废氯化汞催化剂回收企业汞回收率较高[4]。

废氯化汞催化剂回收企业产生的污染物主要为回收后的废汞催化剂渣和净化装置吸汞蒸气活性炭，蒸馏炉提汞后剩余的废催化剂中汞含量未超过《危险废物鉴别标准—浸出毒性鉴别》（GB 5085.3—2007）中规定的汞及其化合物（以总汞计）浸出液的最高允许浓度 0.1mg/L，不属于危险废物，作为一般工业固体废物送渣场堆放，净化装置吸汞蒸气活性炭，失效后进行汞的回收[5]。生产中产生的废气包括熟化过程含汞废气、蒸馏含汞废气以及 SO_2 烟气。熟化过程产生的含汞废气集中收集到活性炭尾气吸附装置，经活性炭吸附后，排放的尾气中 Hg 浓度 $<0.01mg/m^3$，达到《工业炉窑大气污染物排放标准》（GB 9078—1996）标准；蒸馏含汞废气经多级填料式净化塔净化后，尾气中 Hg 浓度 $<0.05mg/m^3$，可满足《危险废物焚烧污染控制标准》（GB 18484—2001）；生产中产生的废水主要为冷凝装置的冷凝废水，含有 HCl、微量的汞和一些尘渣，该废水经沉淀、碱中和后，作为熟化补充用水。

废含汞荧光灯管：截至 2014 年，中国共有废含汞灯管处置企业 25 家，2014 年废汞灯管实际处置量约 4000t。在中国，无论是针对家庭生活产生的废弃荧光灯管还是企事业单位产生的废弃荧光灯管，均未建立起完善的行之有效的回收体系，大部分废弃荧光灯管被当作生活垃圾一同处置[6]。但是，随着近几年人们环保意识的提高，中国部分省市也相继开展了废弃荧光灯管的回收工作。例如，目前北京市危险废物处置中心负责集中收集处置北京市部分企事业单位的废弃荧光灯管。据了解，2010 年，北京市危险废物处置中心共计回收处置废弃荧光灯管 176t，约有 200 万支。除此之外，北京市于 2008～2010 年还开展了持续 3 年的"一元节能灯"的换购活动。在政府干预下，大批量使用荧光灯管的企业和部分大型荧光灯管生产企业通过付费的方式将产生的废弃灯管交与有关部门或企业进行回收处理；针对面广量大的普通居民使用的废弃荧光灯管还没有有效的回收措施，总回收率不足 1%[7]。

9.2 含汞废物污染控制技术

9.2.1 发达国家含汞废物污染控制技术

美国环保署规定，对于低浓度含汞固体废物（低于 260mg/kg），采取萃取技术或固化技术，而对于高浓度含汞固体废物（高于 260mg/kg），采取热修复（比如焙烧/蒸馏）、固化/稳定化技术[8]。

（1）现有库存的汞污染控制技术　库存汞的主要风险与其在全球市场的销售和分配结果息息相关。为避免风险及将来可能出现的污染，瑞典所采取的战略是不对汞进行循环利用，而是最终以安全且对环境无污染的方法进行处理。

美国则制订了一套方法系统地评估、排列和选择解决方法，该方法包括环保成效、巨灾风险、是否需要更改规章制度、执行因素和成本等，并提出利用商业软件包建立一套权重分配系统，即认为某项标准的重要程度高于另一标准，最后，根据这些标准对 11 种储存和处理汞元素的方法进行了评估。表 9-3 给出了初步评估结果，从中可以看到各种解决方法的评估结果并做出比较。

表 9-3　11 种解决方法评估结果汇总

解决方法	排名（1000 分数）					
	综合		不考虑成本		只考虑成本	
	得分	排名	得分	排名	得分	排名
稳定/聚合后以 RCRA 许可的方式填埋	137	1	99	5	217	1
用硒化物处理后以 RCRA 许可的方式填埋	123	2	66	9	217	1
在 RCRA 的标准许可建筑物中储存汞元素	110	3	152	2	124	5
稳定/聚合后以 RCRA 许可的方式进行单一填埋	104	4	92	7	135	3
在 RCRA 许可的坚硬建筑物中储存汞元素	95	5	172	1	44	6
用硒化物处理后以 RCRA 许可的方式进行单一填埋	94	6	74	8	135	3
在矿洞中储存	81	7	140	3	44	6

解决方法	排名（1000 分数）					
	综合		不考虑成本		只考虑成本	
	得分	排名	得分	排名	得分	排名
稳定/聚合后储存在有土堤的混凝土地堡中	70	8	108	4	42	8
稳定/聚合后储存在矿洞中	63	9	97	6	42	8
用硒化物处理后储存在有土堤的混凝土地堡中	62	10	①	①	①	①
用硒化物处理后储存在矿洞中	61	11	①	①	①	①
评估的解决方法数量	11	—	9	—	9	—
合计	1000	—	1000	—	1000	—
平均分（总分除以解决方法数量 9 或 11）	91	—	111	—	111	—

① 这几种方法进行了综合评估，但因得分较低，并未进行"只考虑成本"和"不考虑成本"的分项评估。

注：RCRA：《资源保护和回收法》。

（2）含汞盐泥汞污染处理处置技术　国内外许多研究都证实未经处理的盐泥中含有高浓度的汞。例如 1974 年盐锅峡化工厂报道了未处理的盐泥中含汞量为 600mg/L[9]，2010 年 Busto 等[10]研究了古巴中部 2 个化工厂的含汞盐泥中的含汞量，分别为 505mg/L、1205mg/L。20 世纪 70 年代前后，各国对盐泥中汞回收处理技术做了大量的研究工作，发达国家主要采用维持淡盐水中的游离氯量在 38～42mg/L 范围之内的方法，大大降低汞在精制过程中的沉淀量，使盐泥中含汞量低于 20mg/kg。处理后的含汞盐泥加入汞的固定剂和水泥砂浆固型化处理后埋入地下或投入深海。

（3）废旧荧光灯处理技术　发达国家主要通过湿法、高温气化法、直接破碎分离及切端吹扫分离等技术处理废旧荧光灯。

① 湿法技术。湿法技术是利用水封保存防止汞蒸气污染空气的特点，通过水洗脱离玻璃上的残留荧光粉，对汞进行高效率的回收。该技术需对产生的含汞废水进行处理，在荧光灯管回收利用的早期处理中使用较多。埃及的 Rabah[11]研究了一种能从废旧荧光灯中分离出铝、铜镍合金和氯盐的方法。该方法主要分为三步：a. 用清洁剂和水清洗过的灯管放入 30% 丙酮溶液内，对灯头打孔，然后将灯头切割下来，将灯头的铝帽和玻璃焊料分离，将芯柱的钨丝和铜镍导丝分离。b. 玻璃管擦去荧光粉后再清洁并截断到标准长度，而荧光粉经过滤后干燥。c. 铝帽在 800℃ 的熔融氯化钠/碳中处理后得纯铝，铜镍导丝在 1250℃ 的熔融硼酸钠/碳中处理得到铜镍合金，最后炉渣用盐酸洗后得到氯盐。

② 高温气化技术。高温气化技术是能彻底有效地回收废弃荧光灯管中的汞，且比水洗法费用低 10%～15% 的处理技术，该技术运行成本较高。美国的 Jang 等[12]分析了灯内各部分汞的含量，发现超过 94% 的汞吸附在荧光粉层或迁移到玻

璃晶格内，加热时最好的释汞方法，在100℃下加热1h后灯内的汞只剩1%。

③ 直接破碎分离技术。直接破碎分离技术是将灯管整体粉碎洗净干燥后，经焙烧、蒸发并凝结回收粗汞，再经汞生产装置精制得到供荧光灯使用的汞。该技术工艺结构紧凑、占地面积小、投资省，但荧光粉纯度不高，较难被再利用。

④ 切端吹扫分离技术。切端吹扫分离技术是先将灯管的两端切掉，再吹入高压空气将含汞的荧光粉吹出后收集，然后通过加热器回收汞，其生成汞的纯度为99.9%。该技术可有效分类收集再回收利用稀土荧光粉，但投资较大。

⑤ MRT汞回收技术。瑞典MRT公司拥有先进的针对荧光灯的回收处理技术。MRT公司对含汞荧光灯的回收处理分为两个阶段：第一阶段是粉碎分选，第二阶段是汞蒸馏。粉碎分选设备可以将整灯分离出荧光粉、玻璃、导丝和灯座材料，还可以针对灯座进行进一步分离，分离出塑料件和金属，包括铁、铝等金属，甚至可以分离节能灯电路板元件。此设备除了处理节能灯外，技术不断延伸，成为可以处理各种灯的通用型处理器。分离过程在负压状态下进行，整个过程无污染。汞蒸馏设备是一个全自动设备，系统根据蒸馏的不同物质设置了自动的控制程序。整个蒸馏过程分为4个阶段，加热阶段、燃烧阶段、通风阶段和冷却阶段。

瑞典的MRT公司生产的干法分离技术的荧光灯回收设备，已经有3项美国专利[13-15]和1项中国专利[16]。到目前为止，MRT公司已经在全球40多个国家和地区销售了300多套各种回收处理设备，使用公司除了世界三大照明公司及其他很多知名照明企业外，还有众多废品回收公司。

（4）含汞废旧电池处理技术　对于含汞电池，国际上通行的处理方式大致有两种：固化深埋、回收利用。而回收利用技术又分为热处理技术、湿处理技术和真空热处理技术。

① 固化深埋。如法国一家工厂就从含汞电池中提取镍和镉，再将镍用于炼钢，镉则重新用于生产电池。其余的各类废电池一般都运往专门的有毒、有害垃圾填埋场，但这种做法不仅花费太大而且造成浪费，因为其中尚有不少可作原料的有用物质。

② 热处理技术。瑞士有两家专门加工利用旧电池的工厂，巴特列克公司采取的方法是将旧电池磨碎，然后送往炉内加热，这时可提取挥发出的汞，温度更高时锌也蒸发，它同样是贵重金属。铁和锰熔合后成为炼钢所需的锰铁合金。该工厂一年可加工2000t废电池，可获得780t锰铁合金、400t锌合金及3t汞。另一家工厂则是直接从电池中提取铁元素，并将氧化锰、氧化锌、氧化铜和氧化镍等金属混合物作为金属废料直接出售。不过，热处理的方法花费较高，瑞士还规定向每位电池购买者收取少量废电池加工专用费。

③ 湿处理技术。马格德堡近郊区正在兴建一个"湿处理"装置，在这里除铅蓄电池外，各类电池均溶解于硫酸，然后借助离子树脂从溶液中提取各种金属，用这种方式获得的原料比热处理方法纯净，因此在市场上售价更高，而且电池中包含的各种物质有95%都能提取出来。湿处理可省去分拣环节（因为分拣是手工操作，

会增加成本）。马格德堡这套装置年加工能力可达 7500t，其成本虽然比填埋方法略高，但贵重原料不致丢弃，也不会污染环境。

④ 真空热处理技术。德国阿尔特公司研制的真空热处理法还要便宜，不过这首先需要在废电池中分拣出镍镉电池，废电池在真空中加热，其中汞迅速蒸发，即可将其回收，然后将剩余原料磨碎，用磁体提取金属铁，再从余下粉末中提取镍和锰。

（5）**废物焚烧汞污染防治技术**　城市垃圾、危险废物焚烧汞排放控制技术如表 9-4 所示。然而，在含汞产品使用的地方，提倡含汞废物的单独收集和处理极有可能是限制汞排放最有效的举措。

表 9-4　废物焚烧汞排放控制技术[17]

领域	现有最佳技术	新兴技术
城市垃圾、医疗和危险废物焚烧	单独收集、处理含汞废物 含汞产品替代 吸收剂喷射 烟气脱硫技术 碳过滤层 内含添加剂的湿式除尘器 硒过滤器 ESP 或 FF 前活性炭喷射 活性炭或焦炭过滤器 SCR 脱硝技术 水泥窑中废物与回收燃料共同焚烧 水泥窑现有最佳技术 燃烧装置中废物与回收燃料共同焚烧 避免汞作为二级燃料高级组分进入 二级燃料气化 活性炭喷射 燃烧装置的现有最佳技术	重金属挥发加工 水冶处理＋玻璃化 城市废物焚烧 PECK 混合加工

废物填埋的投资与维护成本相对较低，因此，可实施填埋防治，限制汞排放，这亦将有益于其他危险废物的管理。表 9-5 给出了废物焚烧汞脱除技术及投资运作成本。

表 9-5　废物焚烧汞脱除技术及投资运作成本

领域	排放防治技术	汞减排率/%	年度成本 （2008 年度）/（美元/t 废物）		
			年度投资成本	年度运作成本	年度总成本
废物焚烧流程	加入碱的湿式除尘器（WSC）——排放防治效率"中等"	20	0.12	0.08	0.20
	废物分离——排放效率"中等"	60	0.60	0.60	1.20
	干式 ESP——优化改装	70	1.84	6.99	8.83

领域	排放防治技术	汞减排率/%	年度成本 (2008年度)/(美元/t 废物)		
			年度投资成本	年度运作成本	年度总成本
废物焚烧流程	ESP+湿式除尘器+加入石灰的活性炭+FF——优化改装	99	2.31	2.48	4.79
	两阶段除尘器+湿式ESP——优化改装	90	2.31	1.82	4.13
	原始活性炭喷射(SIC)+FF——优化改装	80	2.19	4.02	6.21
	原始活性炭喷射(SIC)+文丘里除尘器+ESP——优化改装	95	5.25	6.15	11.40
	原始活性炭喷射(SIC)+加入石灰浆的文丘里除尘器+烧碱+FF——优化改装	99	5.78	7.08	12.86

废物焚烧烟气中汞污染的减排措施，一是利用废物焚烧烟气常规净化设施如除尘、脱硫和脱销设施脱除烟气中的汞；二是利用二噁英脱除设施协同脱除烟气中的汞，二噁英脱除技术如活性炭喷射技术同时也适合于脱除烟气中的汞[18]。

9.2.2　中国含汞废物污染控制技术

我国含汞废物处理处置技术主要包括汞金属和汞金属化合物的再回收以及稳定化固化填埋两种。回收工艺主要包括蒸馏法回收废氯化汞催化剂、控氧干馏法回收废氯化汞催化剂、蒸馏法回收铅锌铜冶炼产生的含汞酸泥及废渣、瑞典MRT法回收废含汞荧光灯管中荧光粉及汞、湿法+稳定化固化填埋法处置废含汞荧光灯管等。生态环境部拟出台《含汞废物处理处置污染防治可行技术指南》，目前正在征求意见阶段。

9.2.2.1　废汞催化剂处理技术

乙炔和氯化氢气体在汞催化剂的作用下转化为氯乙烯。使用一段时间后，催化剂的活性降低到一定程度不能满足生产需要时，便要更换。更换掉的催化剂俗称废催化剂，主要含氯化汞和活性炭，为危险固体废弃物[19]。在中国，针对电石法聚氯乙烯生产产生的废汞催化剂主要采用以下含汞废物污染控制技术：对于废汞催化剂处理技术，利用废汞催化剂为原料，火法冶炼回收再生汞；以废汞催化剂为原料，化学活化、回收生产"再生汞催化剂"；控氧干馏法回收废催化剂 $HgCl_2$ 及活性炭工艺。控氧干馏法也即高效回收 $HgCl_2$ 技术，已被列为电石法聚氯乙烯清洁生产推荐技术。

9.2.2.1.1　火法冶炼工艺

目前我国再生汞汞冶炼工艺以火法冶炼为主。主要炼汞设备为蒸馏炉，能源介质为电能或煤气，直接使用煤的蒸馏炉由于污染大、能耗高，已逐渐被淘汰[20]。

废氯化汞催化剂回收过程包括化学预处理系统、蒸馏炉系统、冷凝及净化系统、汞泥处理系统以及废水处理系统。

（1）化学预处理系统　氯化汞催化剂作为催化剂在 PVC 厂家使用过程中，由于处于一个复杂的化学反应体系内，催化剂中的 $HgCl_2$ 受复杂副反应的影响也会发生变化，导致废催化剂中的"汞"以多形态、多价态存在，通常有 $HgCl_2$、Hg_2Cl_2、$HgNH_2Cl$、Hg（单质）、烷基汞、其他汞化合物等。这些汞化合物的物理性质和化学性质均不相同，差异较大，基于"热法工艺（热分解、蒸馏）"对废催化剂进行处置，回收其中的"汞"，则必须对废催化剂进行预处理，使其中的复杂汞化合物转化为易分解、易挥发、易收集、物理化学性质相近的同类物质，才能通过合理可行的热法工艺对废催化剂进行有效的处置。

预处理的原理：

$$Hg^+ - e^- = Hg^{2+}$$
$$Hg\text{-}R \longrightarrow Hg^{2+} + R^{2-}$$
$$Hg^{2+} + 2OH^- = Hg(OH)_2$$
$$Hg(OH)_2 \longrightarrow HgO$$
$$2Cl^- + Ca^{2+} = CaCl_2$$

预处理的工艺流程如图 9-1 所示。

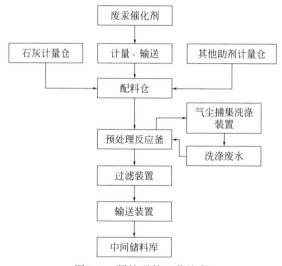

图 9-1　预处理的工艺流程

（2）蒸馏技术

① 蒸馏法技术原理。经预处理后的废催化剂，其中的各形态、各价态的"汞"

绝大部分转化为氧化汞（HgO），氧化汞受热（电加热或煤气燃烧加热）大于500℃时分解为单质汞和氧气，单质汞的沸点为365.6℃，在大于365.6℃的热环境状态下，单质汞随即挥发为汞蒸气进入气相。含汞蒸气的炉气经冷却器淬冷，用直接冷却和间接冷却结合的方法将炉气温度快速降温到≤40℃，气相中的汞蒸气快速凝结形成单质汞珠沉降至冷却器底部的集汞槽内，从而实现回收废催化剂中汞的目的。

$$HgO \longrightarrow Hg + \frac{1}{2}O_2$$

工艺流程如图9-2所示。

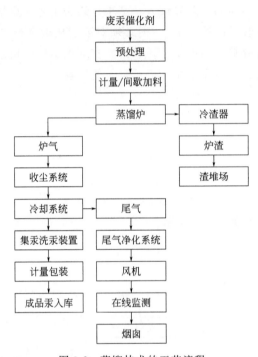

图 9-2 蒸馏技术的工艺流程

② 主要技术参数。

汞回收率：≥90%；

废催化剂处置耗电：≤800kW·h/t；

蒸馏炉内温度：600~650℃；

炉口尾气出口温度：250℃；

炉渣出炉温度：≤60℃；

炉气粉尘含量：≤5%；

炉渣含汞：≤0.01%。

③ "三废"处理。

a. 废水。

间接冷却水：来源是列管冷却器间接冷却水，冷却水集中后经冷却水塔冷却后循环使用，不足部分用工业上水补充，无外排。

工艺废水：来源于水封集汞槽、洗汞槽，经独立废水管排至污水处理站，经净化、沉降澄清后用循环泵返回工艺使用，无外排。

b. 废气。炉气经除尘、冷却收汞后，尾气中还含有 $2\sim10mg/m^3$ 的汞（Hg），该尾气进入均质房自然混匀后用风机输送到高锰酸钾净化工序、多硫化盐净化工序、氢氧化钠净化工序，再经气水分离塔、活性炭填料塔后用风机输送到深度净化工序。

尾气深度净化工序是将前端净化后的尾气经"低温等离子体集成净化装置"后，其含汞量 $\leqslant0.1mg/m^3$ 的排放指标后经在线监测系统进入烟囱排放。

c. 废渣。由于处置工艺采用"蒸馏"技术，废催化剂在蒸馏炉内仅有少量会发生燃烧，生成 CO、CO_2 和粉尘，大部分废催化剂中的碳仍然以活性炭方式存在，蒸馏过后的炉渣主要成分是碳（活性炭）、氯化钙，有害成分主要是 $\leqslant0.01\%$ 的汞。

炉渣进入临时堆场后，经"毒性浸出实验"进行检测鉴别，根据鉴别结果分类处理，也可作为焙烧工艺处理其他含汞废物的燃料使用。

（3）旋转窑焙烧技术

① 基本原理。经预处理后的废催化剂，其中的各形态、各价态的"汞"绝大部分转化为氧化汞（HgO），氧化汞受热（电加热或煤气直接燃烧）大于 $500℃$ 时分解为单质汞和氧气，单质汞的沸点为 $365.6℃$，在大于 $365.6℃$ 的热环境状态下，单质汞随即挥发为汞蒸气进入气相。含汞蒸气的炉气经冷却器淬冷，用直接冷却和间接冷却结合的方法将炉气温度快速降温到 $\leqslant40℃$，气相中的汞蒸气快速凝结形成单质汞珠沉降至冷却器底部的集汞槽内，从而实现回收废催化剂中汞的目的。

$$HgO \longrightarrow Hg + \frac{1}{2}O_2$$

该工艺中由于采用直接动态焙烧方式，所以产生的粉尘量较大，汞蒸气容易在气相中和粉尘形成"汞尖"，所以必须在高温段进行除尘，在低温段再进行收汞，即"高温收尘、低温收汞"技术。

工艺流程如图 9-3 所示。

② 主要技术参数。

预处理转化率：$\geqslant98\%$；

汞回收率：$\geqslant90\%$；

废催化剂处置耗电：$\leqslant800kW\cdot h/t$；

焙烧温度：$600\sim700℃$；

炉口尾气出口温度：$380℃$；

炉渣出炉温度：$\leqslant80℃$；

炉气粉尘含量：≤15％；

炉渣含汞：≤0.01％。

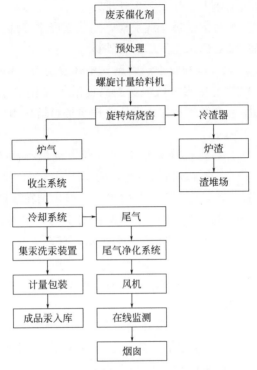

图 9-3　旋转窑焙烧技术工艺流程

③“三废”处理。

a. 废水。

间接冷却水：来源是列管冷却器间接冷却水、旋转冷渣器间接冷却水，冷却水集中后经冷却水塔冷却后循环使用，不足部分用工业上水补充，无外排。

工艺废水：来源于水封集汞槽、洗汞槽，经独立废水管排至污水处理站，经净化、沉降澄清后用循环泵返回工艺使用，无外排。

b. 废气。炉气经除尘、冷却收汞后，尾气中还含有 2～10mg/m³ 的汞（Hg），该尾气进入均质房自然混匀后用风机输送到高锰酸钾净化工序、多硫化盐净化工序、氢氧化钠净化工序，再经气水分离塔、活性炭填料塔后用风机输送到深度净化工序。

尾气深度净化工序是将前端净化后的尾气经“低温等离子体集成净化装置”后，其含汞量≤0.1mg/m³ 的排放指标后经在线监测系统进入烟囱排放。

c. 废渣。由于处置中采用“焙烧”工序，废催化剂在旋转窑内焙烧分解汞的过程中活性炭成分约有 60％将作为燃料完全燃烧，所以产渣量较少（产渣量为入炉料的 50％～55％），炉渣的主要成分是碳（活性炭）、钙（石灰）、氯化钙，有害成分主要是≤0.01％的汞。

炉渣进入临时堆场后，经"毒性浸出实验"进行检测鉴别，根据鉴别结果分类处理。

（4）流态化沸腾炉焙烧技术

① 工艺原理。经预处理后的废催化剂，其中的各形态、各价态的"汞"绝大部分转化为氧化汞（HgO），氧化汞受热（电加热或煤气直接燃烧）大于500℃时分解为单质汞和氧气，单质汞的沸点为365.6℃，在大于365.6℃的热环境状态下，单质汞随即挥发为汞蒸气进入气相。含汞蒸气的炉气经冷却器淬冷，用直接冷却和间接冷却结合的方法将炉气温度快速降温到≤40℃，气相中的汞蒸气快速凝结形成单质汞珠沉降至冷却器底部的集汞槽内，从而实现回收废催化剂中汞的目的。

$$HgO \longrightarrow Hg + \frac{1}{2}O_2$$

该工艺中由于采用流态化沸腾焙烧方式加热分解，充分利用废催化剂中活性炭的热熔值，把废活性炭燃烧作为热源，所以非常节能，但产生的粉尘量较大，汞蒸气容易在气相中和粉尘形成"汞炱"，所以必须在高温段进行除尘，在低温段再进行收汞，即"高温收尘、低温收汞"技术。

工艺流程如图9-4所示。

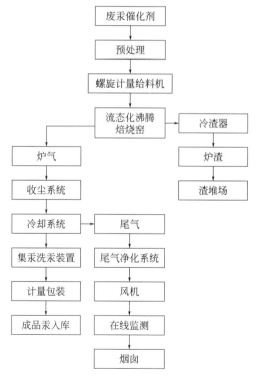

图9-4　流态化沸腾炉焙烧技术工艺流程

② 主要技术参数。

预处理转化率：≥98%；

汞回收率：≥90%；

废催化剂处置耗电：≤100kW·h/t；

焙烧温度：700～800℃；

炉口尾气出口温度：450℃；

炉渣出炉温度：≤80℃；

炉气粉尘含量：≤18%；

炉渣含汞：≤0.01%。

③ "三废"处理。

a. 废水。

间接冷却水：来源是列管冷却器间接冷却水、旋转冷渣器间接冷却水，冷却水集中后经冷却水塔冷却后循环使用，不足部分用工业上水补充，无外排。

工艺废水：来源于水封集汞槽、洗汞槽，经独立废水管排至污水处理站，经净化、沉降澄清后用循环泵返回工艺使用，无外排。

b. 废气。炉气经除尘、冷却收汞后，尾气中还含有 2～10mg/m³ 的汞（Hg），该尾气进入均质房自然混匀后用风机输送到高锰酸钾净化工序、多硫化盐净化工序、氢氧化钠净化工序，再经气水分离塔、活性炭填料塔后用风机输送到深度净化工序。

尾气深度净化工序是将前端净化后的尾气经"低温等离子体集成净化装置"后，其含汞量≤0.1mg/m³ 的排放指标后经在线监测系统进入烟囱排放。

c. 废渣。由于处置中采用"流态化沸腾焙烧"工序，废催化剂在沸腾炉内完全燃烧，分解汞的过程中活性炭成分约有 90% 将作为燃料完全燃烧，所以产渣量较少（产渣量为入炉料的 30%～45%），炉渣的主要成分是碳（活性炭）、钙（石灰渣）、氯化钙，有害成分主要是≤0.01% 的汞。

炉渣进入临时堆场后，经"毒性浸出实验"进行检测鉴别，根据鉴别结果分类处理。

9.2.2.1.2　湿法冶炼工艺

湿法炼汞主要用浸出剂或吸收剂将含汞物料中的汞溶解或吸收入溶液，再从溶液中提取汞或汞盐。

与火法炼汞相比，湿法炼汞能有效控制污染环境的汞蒸气；节约能耗（1kg 汞总能耗仅 461MJ）；可处理低品位含汞物料，如美国矿务局（US Bureau of Mine）处理含汞 0.03%～0.82% 矿石的浸出率达 90%～98%，中国用碘络合法处理含汞 20～45mg/m³ 的冶炼烟气，可将废气含汞量降至 0.05～0.15mg/m³，除去了 99% 以上的汞。影响湿法炼汞推广应用的最主要障碍是浸出剂的价格高。1866 年瓦格纳（Wagner）首先提出碘络合法，工业上多采用硫化钠法。此外，还有采用

HCl+KMnO$_4$、HCl+HNO$_3$、HCl+FeCl$_3$、HCl+CuCl$_2$、HCl+KI、Cl$_2$ 等多种体系浸出剂或单一浸出剂的浸出方法,这些方法因浸出剂价格贵或浸出反应不完全,生产成本高,工业应用不多。硫化钠法主要用于处理硫化汞精矿,碘络合法适用于从含汞、含硫的烟气中提取汞。

碘络合法包括碘化钾溶液吸收,吸收后液脱二氧化硫和电解三个环节。中国冶金工作者在研究 Hg-I-H$_2$O 系热力学的基础上,查明 KI 溶液能有效吸收汞,在吸收过程中,烟气中的金属汞被氧化生成离子汞,离子汞再与碘离子作用生成碘化汞络合物,吸收总反应为:

$$2Hg+SO_2+8I^-+4H^+ \Longrightarrow 2HgI_4{}^{2-}+S+2H_2O$$

当吸收液汞含量积累到 8g/L 时,抽取部分吸收后液先行脱除 SO$_2$,然后再进行电解脱汞和再生碘。

电解的阳极反应为:

$$HgI_4{}^{2-}-2e^- \Longrightarrow HgI_2+I_2$$

阴极反应为:

$$HgI_4{}^{2-}+2e^- \Longrightarrow Hg+4I^-$$
$$2H_2O-4e^- \Longrightarrow 4H^++O_2$$

在阳极析出的 I$_2$ 与电解液中的 H$_2$SO$_3$ 反应,生成 H$_2$SO$_4$ 和 HI。电解后液返回循环使用。

经电除尘器除尘、稀硫酸洗涤和电除尘器除雾的含硫烟气,含汞 20～45mg/m^3,温度为 293～313K,通过吸收塔被 KI 吸收液对流淋洗,当吸收液含 I$^-$ 0.25～0.3mol/L、含汞 5～8g/L 时,从塔顶排出烟气含汞降至 0.05～0.15mg/m^3。吸收后液经脱硫电解,产出纯度 99.99% 的汞,电硫效率大于 90%;每吨汞直流电耗 1000～1200kW•h,碘耗 60kg。此法汞提取率大于 98%,用处理后烟气制得的硫酸含汞在 4%～10%。

目前国内已建的再生汞冶炼企业均未采取湿法冶炼工艺。

目前企业普遍采用的废汞催化剂回收处理方法是蒸馏法回收金属汞,也有企业采用控氧干馏、化学活化法生产新的汞催化剂。前者是以失活的废汞催化剂为原料,而后者还需要使用氯化汞为原料。废汞催化剂回收企业的最终产品是液汞或氯化汞催化剂。

蒸馏法回收处理工艺与汞冶炼工艺相似,仅比汞冶炼工艺多出了废汞催化剂的预处理环节,即化学浸渍。化学浸渍是利用化学方法使氯化汞脱离汞催化剂,再通过焙烧、冷凝等工序获得金属汞(图 9-5)。目前应用此方法处理的国内企业有 2 家,均在贵州省铜仁市。

控氧干馏法回收废催化剂 HgCl$_2$ 及活性炭工艺即高效汞回收技术,是利用 HgCl$_2$ 高温升华且其升华温度低于活性炭焦化温度的原理,在负压密闭和惰性气体气氛环境下,通过干馏实现 HgCl$_2$ 和活性炭同时回收(图 9-6)。该工艺不仅可实现氯化汞和活性炭的资源综合利用，还可有效避免回收过程中的汞流失，使氯化汞的回收率达到99％。该工艺适用于电石法生产PVC废汞催化剂的处理，采用密闭循环回收，在运行中对环境不会造成污染。目前该技术属于宁夏金海创科化工科技有限公司所有，工程总投资约6500万元，年处理能力6000t。处置前含汞废活性炭汞含量在3.5％左右，处置后含汞废活性炭汞含量在0.02％以下，达到一般废弃物含汞指标要求。该技术已通过技术鉴定，可应用示范。

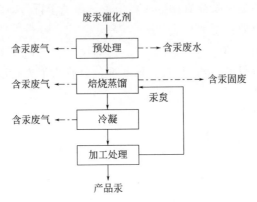

图9-5　废汞催化剂蒸馏法处置工艺及产污节点

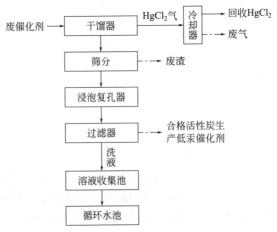

图9-6　废汞催化剂控氧干馏法处置工艺流程及产污节点

化学活化法是在不分离废汞催化剂中的活性炭和氯化汞的前提下，使用化学方法使活性炭重新活化，并消除积炭和催化剂中毒，然后再根据氯化汞催化剂产品中的氯化汞含量要求补加适量的助剂和活性物质氯化汞，使其实现再生。其工艺过程为：先通过手选（或机选）和筛分将废汞催化剂中的机械夹杂物（如铁屑、螺丝、石块、木块等）和碎细的废汞催化剂除去，然后置于活化器内进行化学活化，再按正常的汞催化剂生产工艺进行生产。

9.2.2.2 含汞盐泥处理技术

（1）**氧化熔出法** 氧化熔出法是含饱和盐水的含汞泥浆加入并在温度为50～55℃，pH值为11～12条件下反应40～50min，不溶性汞转化为可溶性汞，过滤后的清盐水加入精盐水系统中，在电解槽阴极上还原为金属汞。处理后盐泥含汞量约100mg/kg。

（2）**氯化-硫化-焙烧法** 氯化-硫化-焙烧法是把盐酸加入洗盐后的含汞泥浆中，然后通入氯气，使沉淀的汞转化为可溶性汞化合物。沉降分离后的清液用亚硫酸钠除去游离氯，加硫化钠使汞离子变为硫化汞，硫化汞在焙烧炉内焙烧蒸出汞，冷却回收得到金属汞。

9.2.2.3 汞盐、汞滓等资源化回收利用技术

该技术适用于含汞废物处置、黄金冶炼、钢铁、有色金属冶炼等行业产生的汞盐、汞滓的资源化回收，适用的特征物为汞盐、汞滓中的汞及其化合物[21-23]。

基本原理。汞盐、汞滓的资源化回收采用固相电还原技术[24,25]。固相电还原是利用汞和汞的化合物在电池充电和放电过程中被还原和氧化的原理，汞的化合物在电池反应过程中被还原，金属汞与水溶液不相溶及汞密度大的特点，实现汞从溶液底部分离[26,27]。

工艺流程如图9-7所示。①汞盐、汞滓与导电剂、黏结剂混合；②混合物经混料涂板等过程后传送至固相电还原装置；③固相电还原装置实现氧化还原反应；④产生的金属汞净化回收；⑤产生的电解液净化后重复利用；⑥产生的滤渣经熔铸分离金属汞和熔炼渣。

关键技术或设计特征：开发了以固相电还原为核心的含汞废物资源化利用技术，彻底实现了汞资源的绿色再生，实现国内首创；针对冶炼等行业回收的含汞废物实现资源化回收，体现了全过程管理的核心理念。

典型规模：该技术适用于含汞废物处置[26,28]、黄金冶炼、钢铁、有色金属冶炼等行业产生的汞盐、汞滓的资源化回收，处理规模为5.83kg/h。

推广情况：该技术成果已应用于国家危险废物处置工程中心，完成了5.83kg/h的中试实验，汞直接回收率为96.34%。该技术可适用于含汞废物处置、黄金冶炼、钢铁、有色金属冶炼等行业产生的汞盐、汞滓的资源化回收。

典型案例如下所述。

（1）**项目概况** 国家危险废物处理中心汞盐、汞滓资源化回收项目，处理规模4～6kg/h，汞盐、汞滓来源为有色金属冶炼过程产生的汞盐、汞滓，2015年2月示范建设，2015年10月验收。

（2）**技术指标** 中试平均处理规模为5.83kg/h。平均槽电压为2.54V，电流效率为95.25%，单位能耗为712.00kW·h/t Hg，汞直接回收率为96.34%。

（3）**投资费用** 该项目总投资约40万元，其中设备投资30万元，其他配套

投资 10 万元。主体设备寿命 10 年以上。

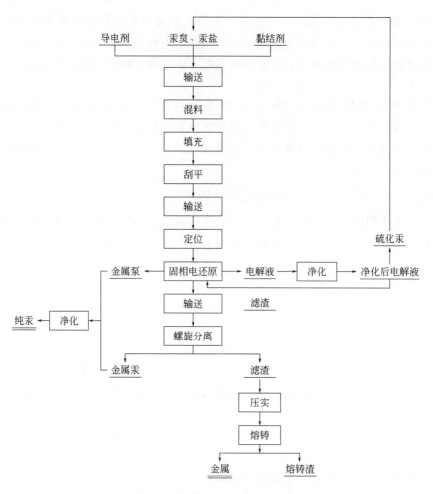

图 9-7　汞盐、汞矣等资源化回收利用技术工艺流程

（4）运行费用　汞盐、汞矣等资源化回收利用中试装备设在某危险废物处置工程中心，规模为 4～6kg/h。建好后该中试项目每吨汞直接运行成本 1450.10 元/t，间接费用约为 147 元/t，若每天按 24h 计算，每年工作三个月，每月按 30 天计算，则回收汞量 9.42t 金属汞，按金属汞 38 万元/t 计（2014 年汞市场价），汞处理总成本 202897 元/t，年回收产生的经济效益约 172.044 万元。

按目前每年回收汞 600t 计算，传统汞回收率在 90％左右，若采用本开发技术，按金属汞回收率 95％计算，每年多回收汞 34t，按每吨金属汞目前市场价 38.00 万元/t 计算，每年产生经济效益为 1292 万元。可见，经济效益显著。

9.2.2.4　废旧荧光灯回收处理技术

中国政府正在积极规划废灯管、灯泡的回收。目前中国废旧荧光灯管回收处理主要由"直接破碎分离"和"切端吹扫分离"两种工艺。前者的特点是结构紧凑、占地面积小、投资少，但荧光粉无法再利用，中国直行荧光灯管所用荧光粉主要成分为卤磷酸钙，回收价值低，宜采用"直接破碎分离"工艺；后者可有效地将稀土荧光粉分类收集以利回收再利用，但投资较大。节能灯管大多采用了照明效率高的稀土荧光粉原料，考虑到稀土的利用价值较高，宜采用"切端吹扫分离"工艺。目前低温等离子体处理含汞废气集成技术实现产业化应用重要进展。

基本原理：低温等离子体装置采用国际最先进的高压系统作为能量源[29-31]，在反应器中产生高速电子，利用高强能量场所产生的瞬间高能粒子，以极快的速度反复轰击废气中的汞[32-34]、二噁英、NO_x、SO_2 等分子[35]，使得分子的汞被氧化、二噁英化学键扭曲并发生断裂。大量的高能粒子会和空气作用产生大量的自由基和氧化性极强的 O_3 等二次氧化物，与汞、二噁英、NO_x、SO_2 等分子进一步发生化学反应[36]。

低温等离子体集成系统同时耦合了先进的氧化催化剂技术。氧化催化剂以多孔无机材质为基质，采用陶瓷纳米技术研制，负载具有极强氧化能力的纳米微分子。可将经分子裂解处理的废气和产生的强氧化性物质（O_3）在催化剂床内滞留，提供了氧化-还原反应的平台，进一步协同深度氧化，实现了物理-化学协同降解的目的，将异味污染物分子分解成矿化物被去除[37-39]。

工艺流程如图 9-8 所示。①含汞废水进入等离子体反应器；②添加剂经雾化器雾化后进入等离子体反应器；③反应器内含汞废气中的汞被臭氧、高能电子、自由基等氧化；④反应器内被氧化后的汞与添加剂反应成盐析出；⑤处理后的气体经环保功能材料继续吸附、氧化；⑥处理后的气体达标排放。

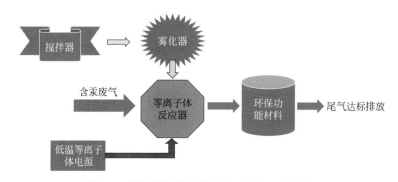

图 9-8　低温等离子体处理含汞废气工艺流程

关键技术或设计特征：该工艺采用百纳秒上升沿功率脉冲低温等离子体核心电源及集成技术，填补国际空白；结合陶瓷纳米环保功能材料吸附技术，实现达标排放；实现了先进的高能物理、生态冶金技术在环境保护领域的应用，对于开发高品质、高性能的污染控制技术具有重要意义。

典型规模：该技术的典型处理规模可与含汞废物处置、废物焚烧、燃煤、钢铁、有色、化工等行业烟气超低排放烟气量相匹配，可涵盖 $1000\sim100000m^3$ 烟气量规模。

推广情况：该技术成果已应用于贵州某科技有限公司，完成了 $1500m^3/h$ 的示范实验，汞去除率≥98％。

典型案例如下所述。

（1）项目概况　贵州某有限公司低温等离子体集成技术处理含汞废气项目，处理规模 $1500m^3/h$，废气来源为废汞催化剂处理后的含汞废气，2015 年 6 月示范建设，2015 年 12 月验收。

（2）技术指标　等离子体电源技术指标如表 9-6 所示。

表 9-6　等离子体电源技术指标

项目	单位	数值	说明
波形	直流高压窄脉冲	近似梯形波	
重复率（脉冲频率）	次/s	$0\sim1000$	
上升沿	ns/次	$50\sim100$	
总波宽	ns/次	<200	
脉冲电流	A	$8\sim160$	
输入电压	V	220	交流
输出电压	kV	35	峰值
输出功率	kW	2	
瞬间功率	MW	5.6	输出功率 $2kW\cdot h$

处理规模为 $1500m^3/h$；汞去除率可达 98.8％；尾气中汞的排放浓度不高于 $0.008mg/m^3$；无二次污染排放，处理含汞废气单位运行成本为 0.028 元/m^3。

（3）投资费用　该项目总投资约 30 万元，其中设备投资 25 万元，其他投资 5 万元。主体设备寿命 10 年以上。

（4）运行费用　该系统完全由电力驱动，不需要消耗水及其他物料。处理含汞废气单位运行成本为 0.028 元/m^3。

9.2.2.5　废旧电池回收处理技术

中国针对含汞电池回收已经初步形成了人工分选、干法回收、湿法回收及干湿法回收技术体系。但由于受地域经济发展水平及回收废电池收集体系限制，目前仅在经济较发达地区建立了废旧电池回收及处理示范工程和试点。目前还缺乏相应的行业标准和统一的监管体系。

含汞废旧电池可采用火法处理技术、湿法处理技术、火法湿法联合处理技术、真空热处理技术或安全填埋等。

9.2.2.6 医疗废物、生活垃圾等废物焚烧

医疗废物、生活垃圾等废物焚烧可采用烟气急冷、高效袋式除尘、活性炭吸附等组合技术去除烟气中的汞。

在含汞产品使用的地方，提倡含汞废物的单独收集和处理极有可能是限制汞排放最有效的举措。废物焚烧烟气中汞污染的减排措施是可利用废物焚烧烟气常规净化设施，如烟气急冷、活性炭吸附、袋式除尘、脱硫和脱硝等设施均对脱除烟气中的汞有实效，可实现汞污染协同控制，但应结合汞污染控制要求，针对尾气净化设施予以合理设计和调控。

9.2.2.7 危险废物焚烧烟气中二噁英与汞的协同控制技术

采用余热回收、烟气急冷、电-袋除尘器组合工艺，进行二噁英和汞的协同控制试验研究（图 9-9、图 9-10）。

技术原理：危险废物焚烧烟气中汞的物理形态是气态单质汞和颗粒物吸附汞，汞去除过程主要包括冷凝、吸附和除尘，烟气中的汞经余热回收和骤冷降温后得到较好的冷凝，尽可能多地吸附在颗粒物和吸附剂上，吸附剂一般采用活性炭，通过控制 C/Hg，烟气中汞的去除率可达 95% 以上，最终通过烟气除尘将烟气中的汞以颗粒物的形式从烟气中分离出来。烟气中汞的去除和二噁英去除在净化工艺上存在极大的相似性，都是采用活性炭吸附技术，面对烟气汞污染控制和二噁英污染控制双重环境问题，采用协同控制是我国废物焚烧过程的汞污染控制的最佳选择。

使用范围：该技术适用于低含汞危险废物焚烧烟气的汞和二噁英协同处置，对于高含汞废物可增加湿式烟气净化装置，在脱酸过程中将烟气骤冷至 60℃ 以下，并使汞蒸气冷凝进入到液相，还可在喷淋液中加氧化剂或络合剂，提高汞的去除效率，然后再将烟气升温至 120℃ 以上，喷入活性炭，二次吸附烟气中的汞，最后烟气经除尘后排放。

创新点：采用余热回收、烟气急冷、电-袋除尘器组合工艺协同处置危险废物焚烧烟气中的汞及二噁英，电-袋除尘器的优势在于实现了烟气中二噁英及汞的分级净化，减少了布袋吸附过滤层的波动频率，提高了烟气二噁英、汞吸附效果的稳定性；延长了布袋的使用寿命，并大大提高了活性炭的使用效率；同时在电除尘与袋除尘之间的烟道上设置了活性炭喷入口，能够进一步增加去除二噁英和汞的效果。

应用行业：危险废物焚烧行业。

技术成熟度：已经初步完成了工业有机危险废物焚烧烟气二噁英与汞的协同控制试验研究，净化后烟气中的二噁英平均浓度为 $0.45ng/m^3$ TEQ，汞平均浓度为 $0.05mg/m^3$。下一步将在提高汞脱除效率、优化工艺运行参数等方面进一步深化研究，完善工艺参数，实现工业应用。

形成装置：建立了工业有机危险废物焚烧生产线，危险废物焚烧规模为 15t/d。

图 9-9　工业有机危险废物焚烧系统

图 9-10　电-袋除尘器

9.2.2.8　鼓励烟气收尘物及废水处理产生的含汞污泥采用氧化熔出法或氯化-硫化-焙烧法等先进的回收处理技术

处理后的残留物可加入汞固定剂和水泥砂浆固化处理后安全填埋。

20 世纪 70 年代前后，各国对含汞污泥中汞回收处理技术做了大量的研究工作，发达国家主要采用维持淡盐水中的游离氯量在 38～42mg/L 范围之内的方法，大大降低汞在精制过程中的沉淀量，使含汞污泥的含汞量低于 20mg/kg。处理后的含汞污泥加入汞的固定剂和水泥砂浆固型化处理后埋入地下或投入深海。

氧化熔出法：含饱和盐水的含汞泥浆在温度为 50～55℃、pH 值为 11～12 条件下反应 40～50min，不溶性汞转化为可溶性汞，过滤后的清盐水加入精盐水系统中，在电解槽阴极上还原为金属汞。

氯化-硫化-焙烧法：把盐酸加入洗盐后的含汞泥浆中，然后通入氯气，使沉淀的汞转化为可溶性汞化合物。沉降分离后的清液用亚硫酸钠除去游离氯，加硫化钠使汞离子变为硫化汞，硫化汞在焙烧炉内焙烧蒸出汞，冷却回收得到金属汞。

9.3 含汞废物处理处置可行技术

根据含汞废物可行技术体现适用性、经济性、稳定性的原则，估计新工艺以及资源高效利用的原则，确定以下处理处置技术为含汞废物处理处置最佳可行技术，如表 9-7 所示。

表 9-7 含汞废物处理处置可行技术[27]

含汞废物	处理处置可行技术
废汞催化剂	蒸馏法
	控氧干馏法
含汞废渣	蒸馏法
废旧荧光灯	切端吹扫
	直接破碎
	湿法处理
废含汞化学试剂	固化填埋

9.3.1 废汞催化剂处理处置[27]

9.3.1.1 蒸馏法

（1）技术原理 蒸馏法是指将废汞催化剂进行化学预处理，使得 $HgCl_2$ 转化为 HgO，然后再将其置于蒸馏炉内，加热使之分离为汞蒸气，经冷凝回收金属汞。蒸馏炉包括燃气节能蒸馏炉和煤热列管式蒸馏炉。

该技术成熟度高，可有效回收废汞催化剂中的金属汞。

该工艺适用于任何形态、浓度废汞催化剂中汞的回收处理。

（2）可行工艺流程 蒸馏法处理废汞催化剂可行工艺流程如图 9-11 所示。

（3）可行工艺参数 蒸馏法回收汞工艺可行工艺参数：预处理反应时间大于 2h，反应温度 80～100℃；焙烧蒸馏反应时间大于 8h，燃煤列管式蒸馏炉温度控制在 800～1000℃，燃气节能蒸馏炉温度控制在 700～800℃。

（4）污染物消减及排放 蒸馏法回收废汞催化剂中的汞回收率可达 97% 以上，含汞废气处理系统可回收废气中约 90% 的汞，可达标排放。处理后的废渣需安全填埋处置。

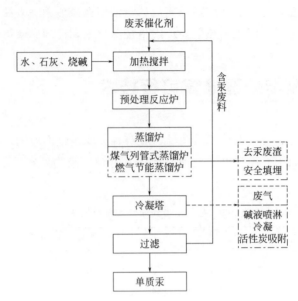

图 9-11 蒸馏法处理废汞催化剂可行工艺流程

（5）二次污染及防治措施 废汞催化剂焙烧蒸馏处理过程产生的污水经处理后回用，固体残渣在指定填埋场进行安全填埋，活性炭按照危险废物进行处理。

（6）技术经济适用性 两家典型焙烧蒸馏法处理废汞催化剂企业投资对比如表 9-8 所示。

表 9-8　废汞处理蒸馏法处理技术经济适用性

企业	工程总投资 /万元	设备总投资 /万元	处置能力 /(t/a)	污染控制设备投资 /万元	运行成本 /(元/t)
企业 A	1700	860	9000	520	10000
企业 B	4500	1500	15000	大于 500	10000

9.3.1.2　控氧干馏法

（1）技术原理 废汞催化剂控氧干馏技术特指控氧干馏法回收废催化剂 $HgCl_2$ 及活性炭工艺，其过程是利用 $HgCl_2$ 高温升华且其升华温度低于活性炭焦化温度的原理，在负压密闭和惰性气体气氛环境下，通过干馏实现 $HgCl_2$ 和活性炭同时回收。

该工艺不仅可实现氯化汞和活性炭的资源综合利用，还可有效避免回收过程中的汞流失，使氯化汞的回收率达到 99%。

该工艺适用于电石法生产 PVC 废汞催化剂的处理，采用密闭循环回收，在运行中对环境不会造成污染。

（2）可行工艺流程 控氧干馏法处理废汞催化剂可行工艺流程如图 9-12 所示。

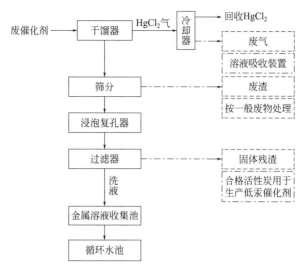

图 9-12　控氧干馏法处理废汞催化剂可行工艺流程

（3）**可行工艺参数**　含汞量为 4% 左右的废催化剂一次性加料 9m³，间歇式操作，6h 为一个周期。

（4）**污染物消减及排放**　控氧干馏法回收废汞催化剂中的汞回收率可到 99% 以上，废气经处理可达标排放。处置后含汞废渣汞含量在 0.02% 以下，按一般废物处置。

（5）**二次污染及防治措施**　控氧干馏法废水可回用，不外排。

（6）**技术经济适用性**　该技术投资较大，运行成本较高。

9.3.2　含汞冶炼废渣处理处置[27]

（1）**工艺原理**　含汞废渣处理技术通常采用蒸馏法处理，先将含汞废渣进行化学预处理，再将其置于蒸馏炉内，加热使汞挥发，经冷凝回收金属汞。

该技术成熟度高，针对废渣中汞的形态可采取不同的预处理方法，可高效回收废渣中金属汞。对于含有不同有价金属的废渣，可保留原渣中除汞外其他金属成分，便于资源的综合利用。

该技术适用于金属冶炼含汞烟尘，含汞温度计生产过程中产生的废渣、装置收集的粉尘，含汞废活性炭等的处理处置。

（2）**可行工艺流程**　蒸馏法处理含汞冶炼废渣可行工艺流程如图 9-13 所示。

（3）**可行工艺参数**　蒸馏过程中温度控制在 650～700℃，既保证废渣中含汞化合物全部挥发，又保留铅、锌等成本基本不变。

（4）**污染物消减及排放**　蒸馏法回收含汞废渣中的汞回收率可达 97% 以上，含汞废气处理系统可回收废气中约 90% 的汞，可达标排放。

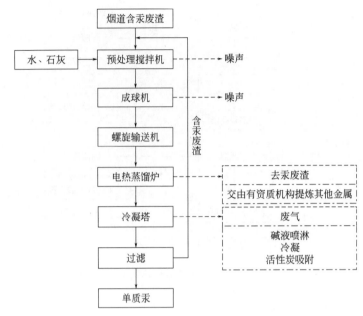

图 9-13 蒸馏法处理含汞冶炼废渣可行工艺流程

（5）**二次污染及防治措施** 含汞冶炼废渣处理过程产生的污水经处理后回用，处理后残渣含有其他贵金属的交由具有资质的单位处理，活性炭按照危险废物进行处理。

（6）**技术经济适用性** 工程总投资 860 万元，设备总投资 320 万元，装置占地面积 3200m²，装置处置能力 1500t/a，污染防治设置投资 50 万元，运行成本 40000 元/t 废渣。

9.3.3 废旧荧光灯处理处置[27]

9.3.3.1 切端吹扫工艺

（1）**技术原理** 切端吹扫分离技术是指先将直管荧光灯的两端切掉，再吹入高压空气将含汞的荧光粉吹出后收集，然后通过蒸馏装置回收汞。

该技术可有效分类收集再回收利用稀土荧光粉，其生成汞的纯度为 99.9%，但投资较大。

该技术适用于直管荧光灯的处理处置。

（2）**可行工艺流程** 切端吹扫技术处理废旧荧光灯可行工艺流程如图 9-14 所示。

（3）**可行工艺参数** 压缩空气 6.5×10^5 Pa/min，约 250L/min；维持负压约 0.9atm（1atm＝101325Pa），蒸馏时间为 12～16h；蒸馏罐温度将维持在 350～

675℃。

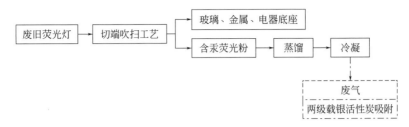

图9-14　切端吹扫技术处理废旧荧光灯可行工艺流程

（4）**污染物消减及排放**　处理过程在负压下进行，废气经载银活性炭吸附后达标排放，无废水排放。

（5）**二次污染及防治措施**　切端吹扫工艺处理产生不可综合利用废物按生活垃圾进行处置，活性炭按危险废物进行处置。

（6）**技术经济适用性**　该技术一次性投资大，设备总投入约800万元，处置能力1500支/h。运行成本主要为电耗，1t废物约800kW·h。

9.3.3.2　直接破碎工艺

（1）**技术原理**　直接破碎分离技术是指将灯管整体粉碎，洗净干燥后，经蒸馏回收汞。

该技术工艺结构紧凑、占地面积小、投资少，但荧光粉纯度不高，较难被再利用。

该工艺适用于所有规格荧光灯的处理处置。

（2）**可行工艺流程**　直接破碎技术处理废旧荧光灯可行工艺流程如图9-15所示。

（3）**可行工艺参数**　蒸馏罐抽真空1000Pa，脉冲注入氮气使蒸馏罐内压力增至50000Pa；电加热室对蒸馏罐加热至500℃，继续用氮气调节蒸馏罐压力至70000Pa；蒸馏时间为12～16h；蒸馏罐温度将维持在350～675℃，加热室温度保持在825℃；冷凝器冷凝液主要成分为乙二醇和水的混合液，冷凝温度为-6～5℃。

（4）**污染物消减及排放**　处理过程在负压下进行，废气经载银活性炭吸附后排放，无废水排放。

（5）**二次污染及防治措施**　处理过程中产生的荧光粉可综合利用，不能达到综合利用标准的按照一般固体废物处置。

（6）**技术经济适用性**　该技术一次性投资大，工程总投资约2800万元，设备总投入约850万元，处置能力130万支/年。

9.3.3.3　湿法处理工艺

（1）**技术原理**　湿法处置技术是利用水封防止汞蒸气污染空气的特点，通过水洗脱离玻璃上的残留荧光粉，对汞进行回收。

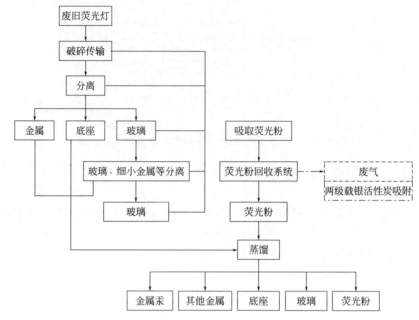

图 9-15　直接破碎技术处理废旧荧光灯可行工艺流程

该技术需对产生的含汞废水进行处理，在荧光灯管回收利用的早期处理中使用较多。

该技术适用于使用液态汞荧光灯的处理处置。

（2）可行工艺流程　湿法处理废旧荧光灯可行工艺流程如图 9-16 所示。

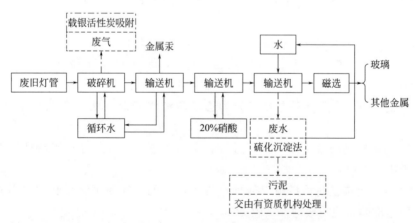

图 9-16　废旧荧光灯湿法处置技术可行工艺流程

（3）可行工艺参数　装置在负压下运行，约 0.9atm。

（4）污染物消减及排放　大气污染物主要破碎、蒸馏过程中产生的汞排放，可通过载银活性炭吸附后达到排放标准；水污染物主要由荧光灯破碎后水洗汞产生，废水硫化沉淀后回用，污泥交由有危险废物处置资质的企业处理。

（5）**二次污染及防治措施**　湿法处置后产生的污水经处理后回用，污泥交由具有危险废物处理处置资质的单位处理；固体废物为处理后产生的金属和玻璃，可部分资源化处理。

（6）**技术经济适用性**　一次性投资相对较小，设备总投资约 250 万元，污染控制设备投资约 50 万元，处置能力约 5000t/a，运行成本约 2800 元/t 废物。按处理 1t 废物计，湿法处置技术消耗水 20～30kg、电约 50kW·h、硝酸/碳酸氢钠约 5kg、活性炭约 5kg。

9.3.4　废含汞化学试剂处理处置[27]

固化填埋是处理处置废化学试剂的传统方法。

（1）**技术原理**　废含汞化学试剂处理处置主要采用固化填埋技术，是以水泥固化为主、药剂为辅的综合稳定化处理工艺。将化学试剂、稳定药剂（有机硫化物）以及水泥或焚烧残渣按比例混合，经混合搅拌槽搅拌后，砌块成型并进行安全填埋。

经固化处理后所形成的固体，应具有较好的抗浸出性、抗渗性、抗干湿性、抗冻融性，同时具有较强的机械强度等特性。

该技术适用于所有废含汞化学试剂的处理处置。

（2）**可行工艺流程**　废含汞化学试剂固化填埋处理可行工艺流程如图 9-17 所示。

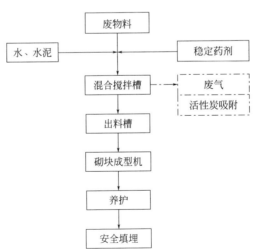

图 9-17　废含汞化学试剂固化填埋处理可行工艺流程

（3）**可行工艺参数**　捣实新鲜混凝土出料量 1000L，干料进料量 1600L，最大骨料（碎石、圆石）40mm/60mm（直径），理论生产率 10m³/h，搅拌时间

6～8min。

成型砌块养护时间约 7～8 天，养护过程中洒水频率 1 次/4h。

（4）污染物消减及排放　车间内配收尘系统及活性炭吸附设备对车间无组织排放气体进行净化，无废水产生。

（5）二次污染及防治措施　固化成型后需在指定填埋场进行安全填埋，会产生渗滤液，存在二次污染的风险。

（6）技术经济适用性　稳定处理、固化成型装置一次性投资较大：工程总投资 900 万元，设备总投资 485 万元，装置占地面积 950m²。运行以耗电为主，电耗约 136kW·h/t 废物，水耗约 2t/t 废物，砂子 20t/t 废物，水泥 4t/t 废物。如为单质汞，需稳定药剂 1.5t/t 废物。

9.4　鼓励研发的技术

（1）鼓励研发含汞废物汞高效回收技术及装备　我国目前年用汞量在 1200～1500t，占全球总需求量的 30%～40%，居全球首位。同时，随着万山汞矿的关闭，我国原生汞来源不足成为制约相关行业发展的绊脚石。因此，应鼓励高效含汞废物汞回收技术的研发与推广，补充汞来源不足，促进相关行业健康运行。

（2）鼓励采用低温等离子体等技术实现含汞废物回收过程中的尾气净化及资源回收利用　低温等离子体技术主要是由高电压冲击电流发生装置在气相中连续放电产生等离子体，实现反应通道内所有的物质作用氧化并在放电场重组成盐去除，达到汞等有害物质在组盐后结晶析出，实现含汞废物回收过程产生的含汞废物的尾气净化及资源回收利用。

（3）热解析-低温等离子体处理含汞废渣关键技术　研究直流热解析-低温等离子体处理含汞废渣关键技术，为推进低温等离子体技术在汞等多污染物协同控制领域的技术研发和应用，并根据行业需求，逐步拓展其在化工、燃煤、有色金属冶炼、废物处理等领域的应用。

（4）含汞物料资源化技术　研究以汞泥、含汞废渣、含汞废催化剂等为原料，采用固相电解工艺制取金属汞的方法，并综合低温等离子体等技术，开发出效益明显、环境友好的含汞废物处理技术，为含汞废物寻找切实可行的循环利用方案。

（5）鼓励研发含汞废物安全收集、贮存、运输的新技术及装备　含汞废物的安全收集、贮存及运输技术可参照《危险废物收集、贮存、运输技术规范》（HJ 2025—2012）所规定的技术要求。

从事含汞废物收集、贮存、运输经营活动的单位应具有危险废物经营许可证。

含汞废物的收集应根据含汞废物产生的工艺特征、排放周期、废物特征、废物管理计划等因素制定收集计划并制定详细的操作规范。

含汞废物的贮存应满足《常用化学危险品贮存通则》（GB 15603）、《危险化学品安全管理条例》、《废弃危险化学品污染环境防治办法》的要求；还应充分考虑防盗要求，采用双钥匙封闭式管理，且有专人24h看管。

含汞废物公路运输应按照《道路危险货物运输管理规定》（交通部令［2005年］第9号）、《危险货物道路运输规则》（JT/T617）以及《汽车运输、装卸危险货物作业规程》（JT/T618）执行；含汞废物铁路运输应按照《铁路危险货物运输管理规则》（铁运［2006］79号）规定执行；含汞废物水路运输应按照《水路危险货物运输规则》（交通部令［1996年］）规定执行。

目前缺少含汞废物安全收集、储存、运输技术，应鼓励研究开发含汞废物安全收集、储存、运输技术，以减少汞的危害。

参 考 文 献

[1] http：//ec. europa. eu.

[2] http：//www. wastecap. org.

[3] 冯冀燕. 汞锑复合矿的分离提取工艺[J]. 有色金属(冶炼部分)，1990，(5)：40-43.

[4] 张亚雄，邓晓丹，吴斌. 我国氯化汞触媒生产和废氯化汞触媒回收利用技术进展[C]//第30届全国聚氯乙烯行业技术年会论文集. 万山特区红晶汞业有限公司，2008：152-154, 158.

[5] 张亚雄，邓晓丹，吴斌. 我国氯化汞触媒生产和废氯化汞触媒回收利用技术进展[J]. 聚氯乙烯，2008，(10)：24-27.

[6] 王敬贤，郑骥. 含汞废弃荧光灯管处理现状及分析[J]. 中国环保产业，2010，(10)：37-41.

[7] 孙艳辉，南俊民. 废弃荧光灯的回收处理方法及对策[J]. 环境污染与防治，2009，(9)：95-98, 102.

[8] 张正洁，刘舒，陈扬，等. 典型含汞废物处理处置污染防治可选技术研究[J]. 资源再生，2013，(7)：62-65.

[9] 盐锅峡化工厂. 淡盐水回收汞试验简报[J]. 氯碱工业，1974，10(4)：32-33.

[10] Busto Y, Cabrera X, Tack F M G, et al. Potential of thermal for decontamination of mercury containing wastes from chlor-alkali industry[J]. Journal of Hazardous Materials，2011，186(1)：114-118.

[11] Rabah M A. Recovery of aluminum, nickel-copper alloys and salts from spent fluorescent lamps[J]. Waste Manage，2004，24(2)：119-126.

[12] Jang M, Hong S M, Park J K. Characterization and recovery of mercury from spent fluorescent lamps[J]. Waste Manage，2005，25(1)：5-14.

[13] Kulander H. Apparatus for recovering fluorescent material from mercury vapor discharge lamps[P]. US 4 715 838. 1987-12-29.

[14] Kulander H. Treatment of mercurial waste[P]：US 4 840 314.1989-06-20.

[15] Mangnsson H E, Sundberg C. Method and systems for mechanical separation of various materials/substances from disposed fluorescent light tubes and similar lamps being crushed[P]：US 5 884 854.1999-03-23.

[16] 汉斯-埃里克. 蒙松，克里斯特，松德贝里. 从废弃荧光灯管和类似碎灯机中机械分离各种材料/物质用的方法和系统[P]：CN11 823 80A. 1998-05-20.

[17] http：//www. unece. org.

[18] 葛俊，徐旭，张若冰，等. 垃圾焚烧重金属污染物的控制现状[J]. 环境科学研究，2001，(3)：62-64.

[19] 焦玲. 电石法聚氯乙烯行业中汞污染的防治[J]. 北方环境(Inner Mongolia Environmental Sciences)，

2013，29（2）：106-108.

[20] 徐磊，阮胜寿. 矿铜冶炼过程中汞的走向及回收工艺探讨[J]. 铜业工程，2017，（1）：71-74，80.

[21] 一种汞泥、汞盐中环保回收汞的工艺流程[P]：20131051388. 5.

[22] 从汞泥或汞盐中环保回收汞的设备及其回收方法[P]：201410537537. 1.

[23] 一种汞泥、汞盐中环保回收汞的工艺流程[P]：20131051388. 5.

[24] 从汞泥或汞盐中环保回收汞的设备[P]：201420589693. 8.

[25] 曾华星，胡奔流，张银玲. 我国含汞废物的再生利用[J]. 有色冶金设计与研究，2012，3：36-38.

[26] 关于征求《含汞废物处理处置污染防治可行技术指南》（征求意见稿）意见的函. http：//www. docin. com/
p-918313636. html.

[27] 关于征求《汞污染防治技术政策》（征求意见稿）意见的函. http：//www. zhb. gov. cn/gkml/hbb/bgth/
201301/t20130123_245431. htm.

[28] 金小伟，张霖琳，吕怡兵，等. 我国涉汞危废处置企业中汞分布特征及风险评价[J]. 生态毒理学报，2014
（05）：874-880.

[29] Mok Y S, Nam I S. Positive pulsed corona discharge process for simultaneous removal of SO_2 and NO_x
from iron-ore sintering flue gas[J]. IEEE Transactions on Plasma Science, 1999, 27：1188-1196.

[30] Byun Y, Ko K B, Cho M, et al. Oxidation of elemental mercury using atmospheric pressure non-thermal
plasma[J]. Chemosphere, 2008, 72：652-658.

[31] Hao Shuoshuo, Chen Yang, Fan Yanxiang, et al. Mechanism Research of Hg^0 Oxidation by Pulse Corona
Induced Plasma Chemical Process[J]. Journal of Envirommental Science and Engineering B, 2016, 5：
1-10.

[32] Xu F, Luo Z, Cao W, et al. Simultaneous oxidation of NO, SO_2 and Hg^0 from flue gas by pulsed corona
discharge[J]. Journal of Environmental Sciences, 2009, 21：328-332.

[33] Wang M, Zhu T, Luo H, et al. Oxidation of gaseous elemental mercury in a high voltage discharge reactor
[J]. Journal of Environmental Sciences, 2009, 21：1652-1657.

[34] Ko KB, Byun Y, Cho M, et al. Pulsed corona discharge for oxidation of gaseous elemental mercury[J].
Applied Physics Letters, 2008, 92：251503(1-3).

[35] Jolibois J, Takashima K, Mizuno A. Application of a non-thermal surface plasma discharge inwet condition
for gasexhaust treatment：NO$_x$ removal[J]. Journal of Electrostatics, 2012, 70：300-308.

[36] Sretenovi ć G B, Obradovi ć B M, Kovačevi ć V V, et al. Pulsed corona discharge driven by
Marxgenerator：Diagnostics and optimization for NO$_x$ treatment[J]. Current Applied Physics, 2013, 13：
121-129.

[37] 阿热依古丽，陈扬，杭鹏志，等. 低温等离子体协同处理 Hg^0、NO、SO_2 的机理研究[J]. 环境工程
（CSCD），2013，31（5）：67-70.

[38] Jia Baojun, Chen Yang, Feng Qinzhong, et al. Research progress of plasma technology in treating NO,
SO_2 and Hg^0 from flue gas[J]. Applied Mechanics and Materials(EI), 2013, 295-298：1293-1298.

[39] 郝硕硕，陈扬，冯钦忠. 热解析-脉冲低温等离子体集成系统脱汞研究[J]. 环境工程，2016，8：93-98.

第10章

汞污染土壤治理与修复技术

环境中的汞经大气沉降、污水灌溉、河流或地下水污染等多种方式进入土壤中，导致土壤质量下降、肥力降低等，从而影响了农作物的生长，并引起汞在作物-人体中富集，造成人体健康危害，称为土壤汞污染[1]。2014年环境保护部和国土资源部发布全国土壤污染状况调查公报中指出，我国土壤污染包括无机型、有机型和复合型污染等，其中无机型污染包括镉、汞、砷、铜、铅、铬、锌、镍等，其点位超标率分别为7.0%、1.6%、2.7%、2.1%、1.5%、1.1%、0.9%、4.8%，汞污染主要土壤类型包括耕地、工业废弃地、重污染企业用地等。据不完全统计，我国被Hg污染的耕地面积达$3.2 \times 10^4 \, hm^2$，每年产生的"汞米"达$1.9 \times 10^5 \, t$，含汞土壤的修复治理迫在眉睫。

10.1 汞污染土壤概述

土壤是指地球表面的一层疏松的物质，由各种颗粒状矿物质、有机物质、水分、空气、微生物等组成，能生长植物。土壤由岩石风化而成的矿物质、动植物和微生物残体腐解产生的有机质、土壤生物（固相物质）以及水分（液相物质）、空气（气相物质）、氧化的腐殖质等组成。

固体物质包括土壤矿物质、有机质和微生物通过光照抑菌灭菌后得到的养料等。液体物质主要指土壤水分。气体是存在于土壤孔隙中的空气。土壤中这三类物质构成了一个矛盾的统一体。它们互相联系、互相制约，为作物提供必需的生活条件，是土壤肥力的物质基础。

环境中的汞进入土壤后，首先被土壤中的黏土矿物和有机质吸附固定，富集于表层，造成土壤汞浓度升高。然后，汞在土壤不同条件下，发生了不同形态的迁移转化，最终主要以残渣态汞的形式存在于土壤中[2-6]。

汞对土壤的作用主要体现在影响土壤的生物可用度上，主要影响因素包括土壤无机矿物、有机质、pH值、氧化还原电位、植物生理活动[2]。

（1）**土壤无机矿物** 一般，土壤矿质占土壤总量的90%～97%。不同粒径的土壤颗粒矿物组成、比表面积、吸附能力不同，对汞的生物可用度的影响不同，矿粒大小与汞的生物可用度密切相关[2,7]，粒径越小的土壤矿粒子与汞结合越稳定，越不容易解吸或挥发。因此，质地越黏的土壤，矿质结合汞的活性就越低，反之，质地越粗的土壤，汞临界含量越低[2]。

（2）**土壤有机质** 一般，土壤有机质含量占总量的5%以下，多数土壤中有机质只占1%～3%。土壤有机质与汞的结合表现在两方面：一是腐殖质以有机颗粒或有机膜覆盖的形式与土壤中黏土矿物、氧化物等无机颗粒相结合形成有机胶体或有机-无机复合胶体，增加了土壤表面积和表面活性，使土壤吸附作用增强；二是土壤中的腐殖质含有羟基、羧基、巯基等官能团，容易与汞发生络合或螯合反应，将其稳定于土壤中，降低了土壤生物有效性[2]。

（3）**土壤pH值** 土壤pH值主要影响黏土矿物、有机质对汞的吸附，一般，对较低pH值的土壤，有利于汞化合物的溶解，其汞生物有效性较高，而对于较高pH值的土壤，汞在土壤固相上的吸附量较大，容易形成沉淀，降低了汞的生物有效性[2,8]。但对于pH>8的情况下，Hg^+可以与OH^-形成络合物而增加汞化合物的溶解度，因此增加了汞的生物可利用性[2,8]。

（4）**氧化还原电位** 氧化还原电位影响土壤汞的形态，一般在氧化条件下，汞可以以任何形态稳定存在，使得土壤汞的迁移能力减弱，而在还原条件下，二价汞可以被还原为单质汞，同时在缺氧条件下，硫酸盐还原菌活性较强，可促进汞的甲基化并生成硫化物，在温和的还原条件下，生成HgS沉淀，但在强还原条件下，会导致汞的溶解性增加，使HgS变为可溶性络合物HgS_2^{2-}[9]。

（5）**植物生理活动** 植物根系分泌物通过改变根系的酸度、Eh，或通过螯合、络合等作用直接影响根系的理化性质。根系分泌物或通过改变根系微生物的活性及其群落结构，间接地影响汞离子的溶解和吸收，以及汞的固定和活化状态，从而影响汞在土壤-植物-微生物中的迁移转化行为[2]。

10.2 含汞土壤修复技术

在重金属污染土壤修复决策上，已从基于污染物总量控制的修复目标发展到基于污染风险评估的修复导向；在技术上，已从单一的修复技术发展到多技术联合的修复技术、综合集成的工程修复技术；在设备上，从基于固定式设备的离场修复发展到移动式设备的现场修复；在应用上，已从单一厂址场地走向特大城市复合场地，从单项修复技术发展到融大气、水体监测的多技术多设备协同的场地土壤-地下水综合集成修复。

目前，国内外常用的土壤修复技术主要为热解析、固化稳定化、生物修复、淋洗、电动修复、农艺调控等，其中土壤热解析、固化稳定化和淋洗修复技术比较成熟，而生物修复、农艺调控、电动修复等技术还处于试验研究阶段，缺乏相关机理的研究和示范应用。

（1）**土壤热解析修复技术**　土壤热解析是一种针对高浓度污染土壤利用热能使污染物不断挥发，并对产生的废气进行净化处理的技术。温度是影响土壤热解析效果的关键因素，一般当温度达到 $600\sim800℃$ 时，土壤中的汞化合物会转化为气态元素汞在烟气冷凝阶段得到回收[10]。

（2）**土壤固化稳定化修复技术**　土壤固化稳定化技术是指通过投加固化剂和稳定剂使土壤中的重金属或有机污染物呈化学惰性并将其包覆起来，从而实现无害化的目的。常用的固化剂有水泥、沥青、尿素、环氧化物等，常用的稳定剂包括石灰、磷酸盐类化合物、海泡石、膨润土、高岭土、蒙脱土、沸石及新型环保功能材料（如巯基修饰中孔氧化硅材料、生物炭、堆肥、动物粪便等），其原理是直接吸收、络合沉淀重金属或是改变 pH 值、有机质含量等理化性质而间接影响重金属的稳定性，从而降低土壤环境中的有毒重金属的迁移性。

土壤固化稳定化技术的关键在于药剂的选择和处理后污染物稳定性的长期跟踪性监测。汞污染土壤固化稳定剂一般包括水泥、硫化物、石灰、碳酸钙、沸石、硅酸盐、磷酸盐、促进还原作用的有机物质等。有研究表明使用巯基（—SH）修饰的沸石对汞吸附量达到 $0.445mmol/g$，进一步与水泥固化，使汞含量为 $1000mg/kg$ 的含汞废弃物达到美国环保局毒性浸出标准[11]。

（3）**土壤淋洗修复技术**　淋洗修复是用淋洗剂淋洗污染土壤，通过解吸附、反络合及溶解作用把土壤固相中的重金属转移到土壤液相中，再回收处理含有重金属的废水的土壤修复技术，分为原位修复和异位修复技术，一般原位修复由其修复效果受土壤地质条件影响较大，且可能造成地下水污染，所以很少采用。异位土壤淋洗技术是将污染土壤挖掘出来，通过筛分去除超大的组分并把土壤分为粗料和细料，然后用淋洗剂来清洗、去除污染物，再处理含有重金属的淋洗液，并将处理后的土壤回填或他用。常用淋洗剂包括无机淋洗剂、螯合剂、表面活性剂，其中无机淋洗剂包括清水、酸、碱、盐等无机化合物；天然螯合剂包括柠檬酸、酒石酸、草酸、丙二酸以及天然有机物胡敏酸、富里酸等；人工螯合剂包括乙二胺四乙酸（EDTA）、氨基三乙酸（NTA）、二亚乙基三胺五乙酸（DTPA）、乙二胺二琥珀酸（EDDS）等；生物表面活性剂有鼠李糖脂、单宁酸、皂角苷、腐殖酸、环糊精及其衍生物等；人工合成表面活性剂包括十二烷基苯磺酸钠（SDBS）、十二烷基硫酸钠（SDS）、曲拉通、吐温、吉雷波等。

影响土壤淋洗效果的因素包括土壤质地特征、污染物类型及赋存状态、淋洗剂类型及其在质量转移中受到的阻力、淋洗剂的可处理可循环性等。土壤淋洗修复技术的关键问题是寻找一种既能提取目标重金属又对土壤基质破坏较小的淋洗剂。乙二胺四乙酸（EDTA）是一种比较温和的淋洗剂，研究表明，用 EDTA 对波兰某镇某处掺杂 $HgSO_4$ 土壤进行淋洗修复，去除效率比空白对比样土壤的汞去除率增加 25％以上[12]。

（4）土壤生物修复技术　　土壤生物修复是指利用植物、动物和微生物吸收、降解、转换土壤中的污染物，使污染物浓度降到可接受的水平或将有毒有害的污染物转化为无害的物质。生物修复包括植物修复、微生物修复两大类。

植物修复技术包括植物稳定、植物挥发和植物吸收。植物稳定技术是利用耐高含量污染物、根系发达的植物，通过根系分解、沉淀、螯合、氧化还原等降低重金属活泼性，减少金属被淋滤到地下水或通过空气扩散而污染环境的可能性。植物稳定修复具有两种功能：一是保护土壤不受侵蚀，二是根部积累沉淀或吸收来固定重金属。该技术适用于土壤质地黏重、有机质含量高的情况，但应注意避免植物吸收重金属并进入食物链。植物挥发技术是指利用植物的吸收、积累和挥发而减少土壤中挥发性污染物，即植物将污染物吸收到体内后将其转化为气态物质，释放到大气中。这种技术将污染物转移到大气中，对人类和生物具有一定的风险。植物吸收技术是通过超富集植物的吸收来转化土壤中的重金属，达到重金属的转移、去除的目的。

筛选和培育耐汞、超富集汞的植物是含汞土壤植物修复的关键。目前经试验研究表明具有富集汞功能的植物包括大米草、矮杨梅、芦竹、苎麻、印度芥菜等，这些植物虽然具有一定的吸汞效果，但还很难满足大部分土壤修复的要求。国外 Meagher 等研究了转基因超富集植物，将黄白杨基因进行优化，更改基因 *merA* 的基因编码，得到的转基因黄白杨除汞能力很强，试验结果发现该植株将 Hg^{2+} 还原为 Hg^0 所处理的汞量是普通植物的 10 倍[13,14]。

微生物修复技术是利用微生物的生物活性使土壤中的重金属亲和吸附或转化，其主要是使交换态重金属含量减少，其他相对稳定的含量增加，从而减小了被生物吸收的风险，降低污染程度。微生物修复技术是实现环境净化、生态效应恢复的生物措施，是重金属污染土壤的环境友好型治理技术。

微生物对重金属离子的修复作用主要包括吸附和转化作用，微生物对重金属的吸附能力通常取决于微生物本身的性质（如吸附类型、活性位点数量、菌龄等）、重金属种类和价态，同时也受外界环境因素（如 pH、温度、共存污染物等）的影响；而微生物对重金属离子的溶解作用主要是指土壤中的微生物在土壤滤沥过程中分泌出的有机酸能将土壤中的重金属离子络合、溶解。

目前，单一应用微生物修复方法修复土壤中的重金属污染仍存在一定的局限性，如土壤中的土著菌修复效率低，其活性易受一系列外界环境条件的影响。为了克服这些缺点，改善和提高微生物修复土壤重金属污染的效果，微生物和植物联合修复技术是一种值得研究的技术。微生物和植物联合修复通过微生物、植物之间的互利作用来提高土壤重金属的修复效率。植物为微生物提供了良好的生长环境，叶片光合作用、根系分泌物、落叶残体等为根系土壤微生物提供了生长所需的各种营养元素。微生物则通过活化土壤中的重金属，促进植物吸收土壤中的有益生长元素，以增加植物生物量的方式提高植物的修复效率[15]。

（5）**土壤农艺调控技术**　农艺调控是指利用农艺措施对耕地土壤中污染物的生物有效性进行调控，减少污染物从土壤向作物特别是可食用部分的转移，从而保障农产品安全生产，实现受污染耕地安全利用。农艺调控措施主要包括种植重金属低积累作物、调节土壤理化性状、科学管理水分、施用功能性肥料等。

针对汞污染土壤施用的药剂包括石灰、硝酸钙、硫酸铵、过磷酸钙、膨润土、胡敏酸等，有研究表明以上药剂均能有效抑制土壤汞的活性，有利于土壤自肥体系的循环，促进经济作物（如苎麻等[16]）的生长。

（6）**土壤电动修复技术**　土壤电动修复技术是近年来新兴的土壤修复技术，电动修复是在污染土壤两端施加一定电压，使土壤中产生微弱直流电流，在微弱电流作用下土壤中会发生各种电动力学过程，包括电迁移、电泳、电渗透、扩散等复杂的过程，在这些过程的作用下，土壤中带电荷无机离子、有机物、胶体和细胞等粒子发生定向迁移，带阴离子粒子向阳极移动，带阳离子粒子向阴极移动，最终污染物聚集在阴阳极电解液中或者靠近阴阳极的土壤中达到去除污染物的目的。

影响土壤电动修复效果的因素很多，如 pH 值、电压、电流、电解液组分、土壤的性质、污染物的种类及存在形态、电极、温度、时间等，这些因素对电动修复效果的影响较为复杂，主要在于调整合适的电压及电流，适合处理低渗透型土壤和重金属主要为水溶态和可交换态的土壤，土壤溶液或添加的电解液导电性强等。另外，为避免电动修复过程中产生极化现象，应采取相关措施，如控制土壤 pH 值、加强重金属迁移性或改变供电方式等。

目前，国内外针对汞污染土壤的电动修复技术研究较少，郑燊燊等研究了在较低 pH 值、较高温度和氧化性环境条件下的电动修复有利于汞的解吸，实验结果表明添加碘化钾＋碘溶液可提高氧化还原电位和发生汞络合反应，能有效提高汞去除率，达 68.6%[17]。

10.3　含汞土壤修复新技术

目前，国内外含汞土壤修复技术方面的研究主要集中在对含汞土壤中汞的污染特征及汞的脱除方面，实际上含汞土壤中汞的浓度与其他含汞废弃物相比较低，并且汞的存在形式复杂，汞与土壤中的各类物质作用关系密切，难以实现完全消除，以上介绍的各类技术除生物修复、农艺调控技术外，其他各类修复技术均存在成本高、效果不十分明显，尤其对土壤结构功能造成破坏等问题。因此，开发一类环境友好、成本低廉的修复技术成为含汞土壤修复技术发展的主要方向之一。

近年来，我国涌现了一大批含汞土壤修复专利技术，其中涉及汞的生物修复及稳定化修复技术占多数，即应用植物修复技术、开发生物菌药剂或环境友好的稳定化药剂是主要的技术方向。

10.3.1 含汞土壤植物修复新技术

我国 2016～2017 年报道的相关专利技术主要有以下三种，一是开发生物量较大的富集汞的植物；二是应用活化药剂联合植物修复技术；三是农作物轮作的植物修复技术。

（1）利用副产物硫代硫酸铵联合金盏菊修复汞污染土壤的方法 金盏菊，菊科金盏菊属植物，株高 30～60cm，全株被白色茸毛，一年生或越年生草本植物，喜光照，对土壤要求不严，可在干旱、疏松肥沃的碱性土中良好生长，耐瘠薄干旱土壤及阴凉环境，在阳光充足及肥沃地带生长良好，金盏菊原产于欧洲西部、地中海沿岸、北非和西亚，现世界各地都有栽培，主要具有药用和观赏价值。

该技术是在含汞土壤上种植金盏菊，在开花期施加硫代硫酸铵稀溶液以活化土壤中的汞，同时喷加细胞分裂素溶液以促进茎叶花生长提高生物量，成熟期后收割植物[18]。有研究报道称硫代硫酸铵溶液可以显著增强土壤中总汞的可溶性，从而增加了植物的摄取量，减少土壤中氧化态结合的汞[19]。

该技术工艺流程如图 10-1 所示。该技术采用了炼钢废水处理过程产生的硫代硫酸铵废液作为活化药剂，实现了以废制废和降低成本的目的。对收割一茬金盏菊后将污染土壤总汞浓度 2.6mg/kg 降低至 1.9mg/kg，对汞的去除率为 26.9%[18]。

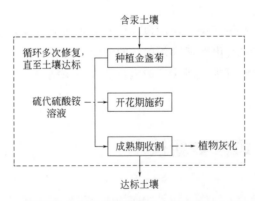

图 10-1　利用副产物硫代硫酸铵联合金盏菊修复含汞土壤流程

（2）一种乳浆大戟植物修复农田汞污染土壤的方法 乳浆大戟（中国高等植

物图鉴）猫眼草，多年生草本，根圆柱状，长 20cm 以上，直径 3～5（6）mm，是分布最广、变异幅度最大的种之一，生于路旁、杂草丛、山坡、林下、河沟边、荒山、沙丘及草地，广布于欧亚大陆，且归化于北美，常因复杂的生境产生各种各样的变异，主要具有药用价值。

该技术是在含汞土壤上种植乳浆大戟，3～4 月开花，8～10 月成熟，每月施肥一次。收货的植株秸秆集中焚烧处理。该技术采用生物量较大的乳浆大戟（高 15～40cm）作为汞累积植物，一次修复对汞去除率 73.3%～79.2%，可将污染土壤总汞浓度 1.2～1.5mg/kg 降低至 0.25～0.4mg/kg[20]。该技术工艺流程如图 10-2 所示。

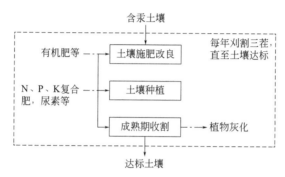

图 10-2　乳浆大戟植物修复含汞土壤技术流程

（3）一种农作物修复农田汞污染土壤的方法　该技术是采用水稻、油菜、苎麻依次种植的方法修复含汞土壤。3 月底种植水稻，在秧苗期喷洒微生物菌液，8 月收割，随后种植油菜，成熟后收割，次年 4 月种植苎麻，成熟后收割。循环往复进行土壤修复。该技术采取了混合种植依次轮作的方法，实现了对汞的去除[21]。

该技术工艺流程如图 10-3 所示。该技术对土壤中汞年平均净化率 42%～48%，可将汞污染农田中的汞含量从 15～128mg/kg 降低至 2.1～15.36mg/kg[21]。

10.3.2　含汞土壤微生物修复新技术

目前，我国 2016～2017 年报道的相关代表性专利技术主要有以下两种：一是利用好氧菌异化还原产物矿化土壤汞的方法；二是开发微生物-植物-矿物质复合修复材料。

（1）一种利用好氧菌异化还原产物矿化土壤汞的方法　纳米硒是一种具有一定活性的，可与单质汞反应生成 HgSe 的物质。有研究报道，利用某微生物菌种（*Citrobacter freundii* Y9）分别在好氧、厌氧条件下产生的纳米硒对含汞土壤中的单质汞进行矿化治理，其矿化效率分别为 45.8%～57.1% 和 39.1%～48.6%[32]。

该技术是选取能将亚硒酸钠异化还原的菌种（*Citrobacter freundii*），在含有亚硒酸钠的培养基内培养得到异化还原产物，然后将其经超声破碎得到目标物（纳米生物硒），将其施入含汞土壤，数天后，该还原产物可捕获汞并将其转化为残渣态。该技术首次应用某好氧菌还原亚硒酸钠得到的产物与汞反应生成硒化汞，从而矿化土壤中的汞，对汞的矿化率为 47.5％～60.8％，对 15～30mg/kg 汞污染的土壤，汞矿化率达 47.5％以上[22]。好氧菌异化还原产物修复含汞土壤技术流程如图 10-4 所示。

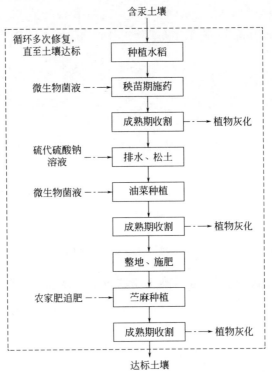

图 10-3　水稻、油菜、苎麻轮作修复含汞土壤技术流程

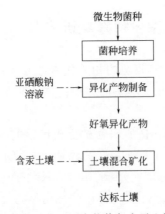

图 10-4　好氧菌异化还原产物修复含汞土壤技术流程

（2）**一种含汞土壤的新型复合修复材料**　将微生物菌剂、酶制剂与各类植物制剂及矿物质、生物质材料等按一定的比例与含汞土壤混合，均匀置于修复容器内，采用0.5%～2%的乙酸液淋洗土壤，10天淋洗一次，3个月完成土壤修复。

该技术采用的材料主要包括复合酶制剂、复合微生物菌剂及壳聚糖、膨润土、柠檬酸、贝壳粉、杜氏藻、曲尾藓、槟榔树木屑、棕榈树木屑等材料，这些材料充分利用了植物、微生物、矿物及酶类的共同作用功能，实现了对汞的去除，去除率为66.3%～70.8%，可将污染土壤总汞浓度由0.89mg/kg降低至0.26～0.3mg/mg[23]。新型复合修复材料修复含汞土壤技术流程如图10-5所示。

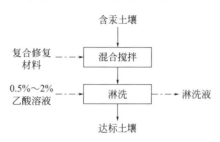

图10-5　新型复合修复材料修复含汞土壤技术流程

10.3.3　含汞土壤钝化新技术

含汞土壤钝化技术是采用环境友好的生物化学药剂，将土壤中汞等吸附、稳定化，降低土壤中汞的生物有效性，从而使其生长的植物中汞含量满足标准要求的技术方法。该技术主要适用于较低浓度含汞土壤的修复，由于其成本低、没有二次污染，已经成为较受欢迎的技术之一。近年来，我国土壤钝化专利技术的申请非常多，涉及矿物质、化学钝化剂及多种复合钝化剂和新型钝化剂等方面[24-31]，下面本书选择其中具有代表性的技术进行比较分析[24-27]。

（1）**一种汞污染土壤修复剂及其制备方法**　该技术将池塘淤泥、竹炭、壳聚糖、蚯蚓粪、聚丙烯酰胺、硫黄粉等按一定比例、一定工序制备成微囊化包装修复剂。该修复剂主要为生物质炭类，有报道称，生物质炭对黑土土壤汞污染的吸附、钝化效果明显，随着生物质炭添加量的增加（从1%增加到7%），降低了含汞土壤汞的生物有效态，生长植物中汞含量随之下降（下降幅度从17%增加到35%）[33]。另外，将稻壳生物体进行硫改性，也具有更好的修复效果。研究表明，向稻壳生物炭内添加13.04%的S，可将Hg^{2+}的吸附容量增加至67.11mg/g，对于1000mg/kg含汞土壤，改性生物质炭添加比例为5%时，有效态汞去除率达99.3%[34]。该技术是将以上微囊化包装修复剂施加到含汞土壤表面2cm厚度，翻耕搅拌，10天后达到修复效果[25]。

该技术的药剂成本低、修复过程简单，不破坏土壤结构，汞的固定率为

96.9%～99.3%，可将污染土壤汞浸出浓度 5.72mg/L 降低至 0.04～0.18mg/L[24]。新型土壤修复剂制备流程如图 10-6 所示。

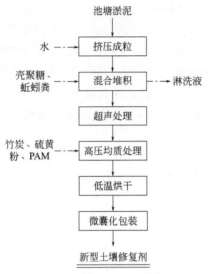

图 10-6　新型土壤修复剂制备流程

（2）一种钝化农田重金属镉、汞复合污染土壤的调理剂及其制备方法　利用活性矿物质类和土壤固有的对汞吸附性较强的有机质类及拮抗剂等物质对土壤汞进行钝化处理，不仅实现了汞生物有效性的降低，同时也促进了农作物的生长，具有较好的经济效益。该技术是将活性凹凸棒土、磷酸根、硫离子、胡敏酸及拮抗剂等多元钝化剂按一定比例、工序制备的调理剂。将其按一定比例施加到土壤中混合均匀，保持含水率60%以上，持续30天后达到修复效果，可种植空心菜[25]。

该技术采用多种钝化药剂成分，可降低汞、镉污染土壤的有效态成分，对土壤有效态汞去除率达 79.5%～81.7%，对土壤镉有效态去除率达 89.9%～90.2%，空心菜中汞去除率达 77.8%～89.5%。该技术可将汞、镉复合污染土壤有效态汞从 0.071～0.092mg/kg 降低至 0.013～0.019mg/kg，空心菜中汞含量从 0.019～0.036mg/kg 降低至 0.002～0.008mg/kg[25]。制备流程如图 10-7 所示。

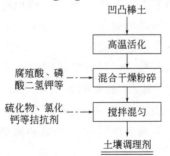

图 10-7　新型土壤调理剂制备流程

（3）**一种用于汞污染土壤的肥料**　目前，同时实现含汞土壤的改良和重金属钝化是国内外研究的热点。该技术是将尿素、硫酸钾、磷酸脲、硝酸钙、氯化钙、石膏、亚硒酸钠、硫酸锌、钼酸铵、中药渣、植物提取液、改性 $Ca(OH)_2$ 及改性膨润土等按一定比例、工序制备成肥料，将其施加到白菜试验田中，实现土壤有效态汞降低和白菜中汞含量降低的目的[26]。

该技术首次开发了实现汞钝化和增肥双重目的的肥料，具有较好的研究价值，对有效态汞去除率达 96.1% 以上，与普通肥料相比，白菜中汞含量降低 99.3% 以上，白菜亩产量增产 12.6%～12.9%，可将汞污染白菜试验田中有效态汞从 8.51mg/kg 降低至 0.29～0.32mg/kg，白菜中汞含量从 1.231mg/kg 降低至 0.0075～0.0081mg/kg，低于 0.01mg/kg 国家标准限值[26]。含汞土壤肥料制备流程如图 10-8 所示。

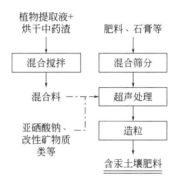

图 10-8　含汞土壤肥料制备流程

（4）**一种汞污染土壤改良剂**　利用某种硅酸盐矿物质、各类特殊植物的组合作用对含汞土壤的钝化治理方法也是一种含汞土壤修复技术方向之一。该技术是将白花密菜、绿球藻、透辉石、黄连木经一定工序处理、混合、制备而成的改良剂，将其与含汞土壤充分混合后静置 3 天完成改良，该技术突破了常规的磷酸盐、黏土矿物及氧化物类钝化材料的应用局限性，针对有机结合态汞含量高的土壤亦有较好的钝化效果，对土壤有效态汞去除率 64.0% 以上、土壤铁锰氧化态汞去除率 63.9% 以上，该技术可将污染土壤有效态汞从 0.3275% 降低至 0.0939%～0.1179%，将铁锰氧化态汞从 1.3974% 降低至 0.3603%～0.5044%[27]。该新型土壤改良剂制备流程如图 10-9 所示。

10.3.4　含汞土壤热解析-低温等离子体处理新技术

目前，土壤低温热解析技术已经在国外得到了广泛应用，Rafal Kucharski[35] 等对波兰一个化学生产设施周边的土壤进行研究，发现汞初始浓度为 1728 mg/kg 的土壤在 100℃ 和 167℃ 条件下处理 10 天，总汞浓度分别下降了 32% 和 67%。

T. C. Chang[10]通过对台北一所化工厂周边汞污染土壤现场测试，得出700℃、至少2h解析时间是工艺的最佳条件，将土壤汞浓度从95mg/kg处理至1.58mg/kg。

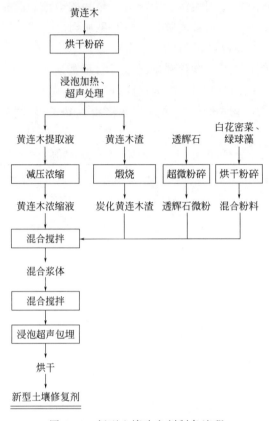

图 10-9　新型土壤改良剂制备流程

邱蓉等[36]选取贵州清镇地区的汞污染农田土壤作为低温热解实验对象，研究发现：土壤初始汞浓度为258mg/kg，处理温度越高，汞去除效率越大，当温度为350℃时，去除率达到90%以上；处理时间越长，汞的去除率越高，处理时间为90min时，去除率达到90%。杨勤等[37]采用热解析技术对青海、云南汞污染土壤进行分析得出，两者分别在300℃、500℃，停留时间60min、30min条件下残余总汞降至10mg/kg，热解析率接近90%。且解析效果还与土壤本身性质有关。pH较高的土壤中汞的稳定性较高，相同处理条件下，pH高的土壤热解析率则较低。

国内目前也有人完成了含汞土壤热解析技术小试、中试试验，采用回转炉热解析装置，对产生的含汞废气采用低温等离子体技术处理，结果显示：在处理规模为50kg/h、温度为500℃条件下，汞脱除效率＞96%，出料废渣汞浓度低于检测限值，经低温等离子体处理后尾气汞排放浓度小于0.1mg/m³。以上试验结果表明该热解析-低温等离子体处理含汞废渣集成技术已经具备了开展示范工程和推广应用的基础条件。

该技术适用于高污染含汞土壤的治理和修复。

（1）基本原理 热解析-低温等离子体集成技术装置包括电热解析炉、冷却器、布袋除尘器、低温等离子体集成装置、风机等。含汞土壤经过破碎、研磨等预处理，进入电热解析炉进行解析处理，处理后的土壤出炉膛后在滚筒冷却段冷却出料。产生的含汞废气经冷却除尘后进入低温等离子体集成装置进行脱汞处理，气体达标后排放。

热解析炉滚筒材料选用耐热不锈钢，采用电加热方式，最高加热温度为800℃，能够抵抗一般酸碱腐蚀，炉膛洁净，滚筒与物料直接接触，物料出炉膛后在滚筒冷却段自然冷却出料。热解析装置自带控温调速功能，根据实际情况合理调整热解析温度和回转炉旋转速度，控制热解析时间。

低温等离子体装置采用国际最先进的高压系统作为能量源，在反应器中产生高速电子，利用高强能量场所产生的瞬间高能粒子，以极快的速度反复轰击废气中的单质汞，使得单质汞被氧化。大量的高能粒子会和空气作用产生大量自由基和氧化性极强的 O_3 等二次氧化物，与汞等进一步发生化学反应。

低温等离子体集成系统同时耦合了先进的氧化催化剂技术。氧化催化剂材料以多孔无机材质为基质，采用陶瓷纳米技术研制，负载具有极强氧化能力的纳米微分子。低温等离子体集成系统可将经分子裂解处理的废气和产生的强氧化性物质（O_3）在催化剂床内滞留，提供了氧化-还原反应的平台，进一步协同深度氧化，实现了物理-化学协同降解的目的。

（2）工艺流程 工艺流程如图10-10所示。含汞土壤进入热解析装置进行热解处理，产生的含汞废气经过冷却、除尘、冷凝，处理后的含汞废气进入等离子体反应器，反应器内含汞废气中的汞被臭氧、高能电子、自由基等氧化，反应器内被氧化后的汞与添加剂反应成盐析出，处理后的气体经环保功能材料继续吸附、氧化，处理后的气体达标排放。

（3）关键技术或设计特征 该技术开发了低温热解析-低温等离子体集成技术，实现了汞资源的高效富集，为实现含汞废物资源化提供了技术途径，实现国内首创。

在含汞废渣中汞热解析后将采用低温等离子体技术，实现与含汞废气等离子体处理技术有效的衔接，切实体现了清洁生产和循环经济的理念。

（4）典型规模 该技术适用于高污染含汞土壤、含汞废渣、废汞催化剂等的治理，适用汞等污染物的去除，可涵盖40～1000kg/h处理规模。

（5）典型案例

① 案例应用过程。2012～2015年中国科学院高能物理研究所完成了国家科技部863专项课题"化工行业典型含汞废物安全处置关键技术研究"，其中包含了子课题"热解析-低温等离子体处理技术研究"，该子课题2012年1月～2014年5月完成了热解析-低温等离子体处理小试实验，研究了低温热解析除汞过程中解析温

度、解析时间、废渣粒度、废渣含汞浓度、微量添加剂等技术条件，找出最佳脱汞的工艺参数；2014 年 5 月～2015 年 7 月，完成了热解析-低温等离子体处理中试实验，含汞土壤的处理规模 50kg/h，研究了中试实验所得参数的适用性，确定最佳工艺参数，同时核算中试装置的能耗水平和技术经济性。

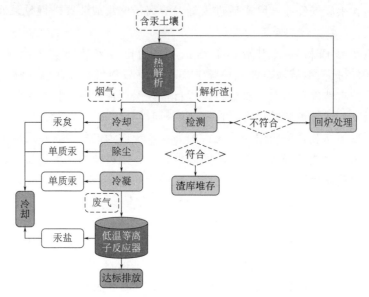

图 10-10　热解析-低温等离子体处理含汞土壤集成技术工艺流程

② 技术指标。中试装置试验处理规模为 50kg/h；解析温度在 500℃ 以上时，出料废渣汞浓度低于检测限值，汞回收效率大于 96%。经低温等离子体处理后尾气汞排放最高浓度 0.06mg/m³。

③ 投资费用。该项目总投资约 30 万元，其中设备投资 25 万元，其他投资 5 万元。主体设备寿命 10 年以上。

④ 运行费用。含汞土壤处理成本为：主要油耗成本为 1930 元/t，加上电费、人工、耗材等其他运行成本，直接运行成本为 2000～3000 元/t。

（6）**存在问题及发展方向**　热解析温度较高，运行费用与汞回收价值相当，技术的经济优势不十分明显，未来需要寻找无毒无害的新型添加剂，进一步降低系统热解析温度；另外，对产生的含汞废气的低温等离子体处理技术的基础理论有待于深入研究，以便为未来工业应用提供理论依据。

参 考 文 献

[1] 龚子同，等.中国土壤地理[M].北京：科学出版社，2017.

[2] 李玉峰，商立海，等.汞的生物地球化学循环[M].北京：科学出版社，2018.

[3] 罗成科，毕江涛，肖国举，等.宁东基地不同工业园区周边土壤重金属污染特征及其评价[J].生态环境学报，2017，26(7)：1221-1227.

[4] 包正铎,王建旭,冯新斌,等.贵州万山汞矿区污染土壤中汞的形态分布特征[J].生态学杂志,2011,30(5):907-913.

[5] 司徒高华.东南沿海地区燃煤电厂周围土壤中汞的分布特征研究[D].杭州:浙江大学,2016:60-73.

[6] 陈勇.石河子地区土壤中微量汞形态分析及其环境评价[D].石河子:石河子大学,2017:9-22.

[7] 黄维有,德力格尔.土壤中的含汞量与土壤中岩石粒径大小的关系[J].山西地震,2003,(2):35-36.

[8] 荆延德,赵石萍,何振立.土壤中汞的吸附-解吸行为研究进展[J].土壤通报,2010,(5):1270 1274.

[9] Wollast R, Billen G, Mackenzie F T. Behavior of mercury in natural systems and its global cycle // Ecological toxicology research. US: Springer, 1975: 145-166.

[10] Chang T C, Yen J H. On-site mercury-contaminated soils remediation by using thermal desorption technology[J]. J Hazard Mater, 2016, 128(2-3): 208-217.

[11] Zhang X Y, Wang Q C, Zhang S Q, et al. Stabilization/solidification(S/S) of mercury-contaminated hazardous wastes using thiol-functionalized zeolite and Portland cement[J]. J Hazard Mater, 2009, 128(2): 1575.

[12] Smolińska B, Król K. Leaching of mercury during phytoextraction assisted by EDTA, KI and citric acid [J]. J Chem Technol Biotechnol, 2012, 87(9): 1360.

[13] 卢光华,岳昌盛,彭犇,等.汞污染土壤修复技术的研究进展[J].工程科学学报,2017,39(1):1-12.

[14] Rugh C L, Senecoff J F, Meagher R B, et al. Development of transgenic yellow poplar for mercury phytoremediation[J]. Nat Biotechnol, 1998, 16(10): 925.

[15] 周启星,宋玉芳.污染土壤修复原理与方法[M].北京:科学出版社,2004:156-159.

[16] 贵州省农科院草业研究所官方网站. http://www.gzcys.com.cn/xxgk_47795/kycg/201706/t20170605_1845578.html.

[17] 郑桑桑.阴极逼近法电动修复贵州地区典型汞污染土壤的研究[D].上海:上海交通大学,2006.

[18] 郭照冰,曾刚,等.利用副产物硫代硫酸铵联合金盏菊修复汞污染土壤的方法[P]:中国发明专利. ZL 201610021402.9. 2016 04 06.

[19] Wang J X, Feng X B, Anderson C W N, et al. Ammonium thiosulphate enhanced phytoextraction from mercury contaminated soil[J]. J Hazard Mater, 2011, 186(1): 119.

[20] 魏丽,苗竹,等.一种植物修复农田Hg污染土壤的方法[P]:中国发明专利. ZL 201610853335.7. 2017-02-22.

[21] 阮玺睿,莫本田,等.一种农作物修复农田汞污染土壤的方法[P]:中国发明专利. ZL 201710817689.0. 2017-12-29.

[22] 潘响亮,王潇男,等.一种利用好氧菌异化还原产物矿化土壤汞的方法[P]:中国发明专利. CN 104889154 B. 2017-03-22.

[23] 战锡林.汞污染土壤修复材料[P]:ZL 201610440164.5. 2016-11-16.

[24] 王少平.一种汞污染土壤修复剂及其制备方法[P]:ZL 201610722577.2. 2017-02-08.

[25] 赵川,韩建军,等.一种钝化农田重金属镉、汞复合污染土壤的调理剂及其制备方法[P]:ZL 201611046451.4. 2017-05-31.

[26] 李敬,陈肖虎,等.一种用于汞污染土壤的肥料[P]:中国发明专利. ZL 201611340115.3. 2017-05-31.

[27] 不公告发明人.一种汞污染土壤改良剂[P]:中国发明专利. ZL 201611237326.1. 2017-05-31.

[28] 邵乐,史学峰,等.一种可迁移态汞稳定化的方法[P]:中国发明专利. ZL 201710015294.9. 2017-05-31.

[29] 王文坦,康健,等.汞污染土壤修复用钝化剂及汞污染土壤修复方法和应用[P]:中国发明专利. ZL 201610598595.4. 2017-01-04.

[30] 李庆召,罗旭,等.汞污染土壤的原位修复方法[P]:中国发明专利. ZL 201610182203.6. 2016-05-25.

[31] 周晓平,黄志红,等.一种以可降解天然生物质的土壤汞稳定化药剂的制备方法[P]:中国发明专利. ZL

201710421359. X. 2017-12-01.

［32］ Wang X N，Zang D Y，Pan X L，et al. Aerobic and anaerobic biosynthesis of nano-selenium for remediation of mercury contaminated soil［J］. Chemosphere，2017，170：266-273.

［33］ 赵伟，丁弈军，孙泰朋，等. 生物质炭对汞污染土壤吸附钝化的影响［J］. 江苏农业科学，2017，45(11)：192-196.

［34］ David O'Connor，Peng T Y，Li G H，et al. Sulfur-modified rice husk biochar：A green method for the remediation of mercury contaminated soil［J］. Science of the Total Environment，2018，621：819-826.

［35］ Rafal K，Urszula Z，Aleksandra S，et al. A method of mercury removal from topsoil using low—thermal application［J］. Environmental Monitoring and Assessment，2005，104：341-351.

［36］ 邱蓉，张军方，董泽琴，等. 汞污染农田土壤低温热解处理性能研究［J］. 环境科学与技术，2014，37(1)：48-52.

［37］ 杨勤，王兴润，孟昭福，等. 热脱附处理技术对汞污染土壤的影响［J］. 西北农业学报，2013，22(6)：203-208.

后 记

随着履行《关于汞的水俣公约》以及我国涉汞行业汞污染防治技术的需求，汞污染防治管理与控制技术也在不断地取得进步和发展。本书针对汞污染控制技术研究背景、汞的有意使用行业以及汞的无意排放行业汞污染控制技术进行了较为系统的探讨，内容涵盖汞污染及其危害、汞污染问题的国际背景、原生汞生产行业汞污染控制技术、电石法聚氯乙烯行业汞污染控制技术、添汞产品生产汞污染控制技术、燃煤行业汞污染控制技术、有色金属冶炼汞污染控制技术、水泥生产行业汞污染控制技术、含汞废物处理处置过程汞污染控制技术、汞污染土壤治理与修复技术。

但是，汞污染控制是一个不断进步和发展的过程。本书围绕国内该领域的实际需求，开展了一定的工作，但是我国汞污染防治管理及控制技术还处于起步阶段，还有较大的发展空间需要业内管理人员、科研人员以及医疗废物处置单位不断向前推进。

在此，针对本书相关成果的落实问题以及未来的研究空间提出如下建议：

（1）中国应充分结合特定行业汞的特性以及地方的特点，围绕 BAT/BEP 要求，选择切实可行的汞污染控制技术，用于解决区域性的汞污染问题。

（2）汞污染控制是一个系统工程，其控制的核心问题是减少二次污染，就其处置全过程而言，推进减量化、无害化和资源化的有机统一是推进该系统工程的最终目标。

（3）低汞/无汞化是汞污染控制的终极目标，逐步实现无汞产品和技术替代。推进实现涉汞行业产业结构调整，限制和逐步减少含汞产品出售和涉汞工艺企业生产，引导和扶持低汞和无汞化替代产品和技术研发，逐步实现低汞无汞化的产业发展目标，实现源头控制。

（4）加强汞污染防治管理能力，推进实现生命周期全过程管理。应提高针对重点涉汞行业的风险评估和污染控制决策的能力，提高监督执法以及事故应急相应能力，推进行业自发性汞减排行动。